国家出版基金资助项目

现代数学中的著名定理纵横谈丛书

丛书主编　王梓坤

U0184622

HARDY-LANDAU INTEGRAL POINT PROBLEM IN CIRCLE

Hardy–Landau
圆内整点问题

刘培杰数学工作室　编

哈尔滨工业大学出版社

HARBIN INSTITUTE OF TECHNOLOGY PRESS

内 容 简 介

本书共分 2 篇,详细介绍了圆内整点问题,由浅入深.并对此问题进行拓展,引出椭圆内的整点问题,以及广义维诺格拉多夫二次型在圆球内的整点个数等内容,进而研究了包含有理点的圆的特性.

本书可供中学生、奥数竞赛选手及数学爱好者参考阅读.

图书在版编目(CIP)数据

Hardy－Landau 圆内整点问题/刘培杰数学工作室编. —哈尔滨:哈尔滨工业大学出版社,2021.1
(现代数学中的著名定理纵横谈丛书)
ISBN 978-7-5603-7938-8

Ⅰ.①H… Ⅱ.①刘… Ⅲ.①数论－数学问题－研究 Ⅳ.①O156

中国版本图书馆 CIP 数据核字(2019)第 008145 号

策划编辑 刘培杰 张永芹
责任编辑 刘春雷
封面设计 孙茵艾
出版发行 哈尔滨工业大学出版社
社 址 哈尔滨市南岗区复华四道街 10 号 邮编 150006
传 真 0451－86414749
网 址 http://hitpress.hit.edu.cn
印 刷 哈尔滨市石桥印务有限公司
开 本 787mm×960mm 1/16 印张 11.5 字数 118 千字
版 次 2021 年 1 月第 1 版 2021 年 1 月第 1 次印刷
书 号 ISBN 978－7－5603－7938－8
定 价 78.00 元

英国著名数学家哈代

(Hardy,1877—1947)

德国著名数学家兰道

(Landau,1877—1947)

读书的乐趣

你最喜爱什么——书籍.

你经常去哪里——书店.

你最大的乐趣是什么——读书.

这是友人提出的问题和我的回答. 真的,我这一辈子算是和书籍,特别是好书结下了不解之缘.有人说,读书要费那么大的劲,又发不了财,读它做什么? 我却至今不悔,不仅不悔,反而情趣越来越浓.想当年,我也曾爱打球,也曾爱下棋,对操琴也有兴趣,还登台伴奏过.但后来却都一一断交,"终身不复鼓琴".那原因便是怕花费时间,玩物丧志,误了我的大事——求学.这当然过激了一些.剩下来唯有读书一事,自幼至今,无日少废,谓之书痴也可,谓之书橱也可,管它呢,人各有志,不可相强.我的一生大志,便是教书,而当教师,不多读书是不行的.

读好书是一种乐趣,一种情操;一种向全世界古往今来的伟人和名人求

1

教的方法,一种和他们展开讨论的方式;一封出席各种活动、体验各种生活、结识各种人物的邀请信;一张迈进科学宫殿和未知世界的入场券;一股改造自己、丰富自己的强大力量.书籍是全人类有史以来共同创造的财富,是永不枯竭的智慧的源泉.失意时读书,可以使人重整旗鼓;得意时读书,可以使人头脑清醒;疑难时读书,可以得到解答或启示;年轻人读书,可明奋进之道;年老人读书,能知健神之理.浩浩乎! 洋洋乎! 如临大海,或波涛汹涌,或清风微拂,取之不尽,用之不竭.吾于读书,无疑义矣,三日不读,则头脑麻木,心摇摇无主.

潜能需要激发

我和书籍结缘,开始于一次非常偶然的机会.大概是八九岁吧,家里穷得揭不开锅,我每天从早到晚都要去田园里帮工.一天,偶然从旧木柜阴湿的角落里,找到一本蜡光纸的小书,自然很破了.屋内光线暗淡,又是黄昏时分,只好拿到大门外去看.封面已经脱落,扉页上写的是《薛仁贵征东》.管它呢,且往下看.第一回的标题已忘记,只是那首开卷诗不知为什么至今仍记忆犹新:

日出遥遥一点红,飘飘四海影无踪.

三岁孩童千两价,保主跨海去征东.

第一句指山东,二、三两句分别点出薛仁贵(雪、人贵).那时识字很少,半看半猜,居然引起了我极大的兴趣,同时也教我认识了许多生字.这是我有生以来独立看的第一本书.尝到甜头以后,我便千方百计去找书,向小朋友借,到亲友家找,居然断断续续看了《薛丁山征西》《彭公案》《二度梅》等,樊梨花便成了我心

2

中的女英雄.我真入迷了.从此,放牛也罢,车水也罢,我总要带一本书,还练出了边走田间小路边读书的本领,读得津津有味,不知人间别有他事.

当我们安静下来回想往事时,往往会发现一些偶然的小事却影响了自己的一生.如果不是找到那本《薛仁贵征东》,我的好学心也许激发不起来.我这一生,也许会走另一条路.人的潜能,好比一座汽油库,星星之火,可以使它雷声隆隆、光照天地;但若少了这粒火星,它便会成为一潭死水,永归沉寂.

抄,总抄得起

好不容易上了中学,做完功课还有点时间,便常光顾图书馆.好书借了实在舍不得还,但买不到也买不起,便下决心动手抄书.抄,总抄得起.我抄过林语堂写的《高级英文法》,抄过英文的《英文典大全》,还抄过《孙子兵法》,这本书实在爱得狠了,竟一口气抄了两份.人们虽知抄书之苦,未知抄书之益,抄完毫末俱见,一览无余,胜读十遍.

始于精于一,返于精于博

关于康有为的教学法,他的弟子梁启超说:"康先生之教,专标专精、涉猎二条,无专精则不能成,无涉猎则不能通也."可见康有为强烈要求学生把专精和广博(即"涉猎")相结合.

在先后次序上,我认为要从精于一开始.首先应集中精力学好专业,并在专业的科研中做出成绩,然后逐步扩大领域,力求多方面的精.年轻时,我曾精读杜布(J. L. Doob)的《随机过程论》,哈尔莫斯(P. R. Halmos)的《测度论》等世界数学名著,使我终身受益.简言之,即"始于精于一,返于精于博".正如中国革命一

3

样,必须先有一块根据地,站稳后再开创几块,最后连成一片.

丰富我文采,澡雪我精神

辛苦了一周,人相当疲劳了,每到星期六,我便到旧书店走走,这已成为生活中的一部分,多年如此.一次,偶然看到一套《纲鉴易知录》,编者之一便是选编《古文观止》的吴楚材.这部书提纲挈领地讲中国历史,上自盘古氏,直到明末,记事简明,文字古雅,又富于故事性,便把这部书从头到尾读了一遍.从此启发了我读史书的兴趣.

我爱读中国的古典小说,例如《三国演义》和《东周列国志》.我常对人说,这两部书简直是世界上政治阴谋诡计大全.即以近年来极时髦的人质问题(伊朗人质、劫机人质等),这些书中早就有了,秦始皇的父亲便是受害者,堪称"人质之父".

《庄子》超尘绝俗,不屑于名利.其中"秋水""解牛"诸篇,诚绝唱也.《论语》束身严谨,勇于面世,"己所不欲,勿施于人",有长者之风.司马迁的《报任少卿书》,读之我心两伤,既伤少卿,又伤司马;我不知道少卿是否收到这封信,希望有人做点研究.我也爱读鲁迅的杂文,果戈理、梅里美的小说.我非常敬重文天祥、秋瑾的人品,常记他们的诗句:"人生自古谁无死,留取丹心照汗青""休言女子非英物,夜夜龙泉壁上鸣".唐诗、宋词、《西厢记》《牡丹亭》,丰富我文采,澡雪我精神,其中精粹,实是人间神品.

读了邓拓的《燕山夜话》,既叹服其广博,也使我动了写《科学发现纵横谈》的心.不料这本小册子竟给我招来了上千封鼓励信.以后人们便写出了许许多多

4

的"纵横谈".

从学生时代起,我就喜读方法论方面的论著.我想,做什么事情都要讲究方法,追求效率、效果和效益,方法好能事半而功倍.我很留心一些著名科学家、文学家写的心得体会和经验.我曾惊讶为什么巴尔扎克在51年短短的一生中能写出上百本书,并从他的传记中去寻找答案.文史哲和科学的海洋无边无际,先哲们的明智之光沐浴着人们的心灵,我衷心感谢他们的恩惠.

读书的另一面

以上我谈了读书的好处,现在要回过头来说说事情的另一面.

读书要选择.世上有各种各样的书:有的不值一看,有的只值看20分钟,有的可看5年,有的可保存一辈子,有的将永远不朽.即使是不朽的超级名著,由于我们的精力与时间有限,也必须加以选择.决不要看坏书,对一般书,要学会速读.

读书要多思考.应该想想,作者说得对吗? 完全吗? 适合今天的情况吗? 从书本中迅速获得效果的好办法是有的放矢地读书,带着问题去读,或偏重某一方面去读.这时我们的思维处于主动寻找的地位,就像猎人追找猎物一样主动,很快就能找到答案,或者发现书中的问题.

有的书浏览即止,有的要读出声来,有的要心头记住,有的要笔头记录.对重要的专业书或名著,要勤做笔记,"不动笔墨不读书".动脑加动手,手脑并用,既可加深理解,又可避忘备查,特别是自己的灵感,更要及时抓住.清代章学诚在《文史通义》中说:"札记之功必不可少,如不札记,则无穷妙绪如雨珠落大海矣."

许多大事业、大作品,都是长期积累和短期突击相结合的产物.涓涓不息,将成江河;无此涓涓,何来江河?

爱好读书是许多伟人的共同特性,不仅学者专家如此,一些大政治家、大军事家也如此.曹操、康熙、拿破仑、毛泽东都是手不释卷,嗜书如命的人.他们的巨大成就与毕生刻苦自学密切相关.

王梓坤

符号说明

$\mathbf{N}^*$	非负整数集合
χ	模为 3 的非显然狄利克雷特征
$\zeta(s)$	黎曼 ζ 函数
$L(s,\zeta)$	狄利克雷 L 函数
$\psi(s)$	$\Gamma'(s)/\Gamma(s)$
$\Gamma(s)$	伽马函数
γ	欧拉常数
ϵ	任意小的正数
$f(x)=O(g(x))$	$\mid f(x)\mid\leqslant Cg(x)$，对于 $x\geqslant x_0$ 以及一个正常数 C
$f(x)\ll g(x)$	$f(x)=O(g(x))$
$\displaystyle\int_{(c)}f(x)\mathrm{d}x$	$\displaystyle\int_{c-\mathrm{i}\infty}^{c+\mathrm{i}\infty}f(x)\mathrm{d}x$
ω	$\dfrac{1}{2}(1+\sqrt{-3})$
K	2^{k-1}，其中 $k\geqslant 2$ 是一个自然数
$\mathbf{Q}(\omega)$	代数数域
$\mathbf{Z}[\omega]$	代数数域 $\mathbf{Q}(\omega)$ 中的整数

目

录

⊙

第一篇　整点问题

1

第二篇　广义维诺格拉多夫二次型在圆球内的整点个数问题

2

第 一 篇
整点问题

从一道 Donald E. Knuth 问题说起

在计算机领域有一本经典巨著,是由
[美国]Ronald L. Graham,Donald E. Knuth,
Oren Patashnik 所著《具体数学 计算机科
学基础》(第二版)(张明尧,张凡译,人民
邮电出版社). 在此书的整值函数一章有
一个习题为:

一个直径为 $2n-1$ 个单位长的圆对称
地画在一个 $2n \times 2n$ 棋盘上,图 1 中画出的
是 $n = 3$ 的情形.

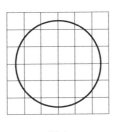

图 1

3

（1）棋盘上有多少个格子包含这个圆的一段？

（2）求一个函数 $f(n,k)$，使得棋盘上恰有 $\sum\limits_{k=1}^{n-1} f(n,k)$ 个格子完全在这个圆的内部.

这个问题并不难. 但它历史悠久，在数论中被称为圆内整点问题，为了使读者有感性认识，我们再多举几个简单例子.

例 1 在平面直角坐标系中，以原点为中心、$\sqrt{6}$ 为半径的圆的内部共有多少个格点（格点指的是横坐标和纵坐标都为整数的点）？

解 设 $A(x,y)$ 是任意满足题目要求的一个格点，则 $|OA|=\sqrt{x^2+y^2}<(\sqrt{6})^2$. 于是，可把这个问题分为 6 种情形：$x^2+y^2=k,k=0,1,2,3,4,5$.

当 $x^2+y^2=0$ 时，$(x,y)=(0,0)$，只有 1 个解；

当 $x^2+y^2=1$ 时，$(x,y)=(-1,0),(1,0),(0,-1),(0,1)$，共有 4 个解；

当 $x^2+y^2=2$ 时，$(x,y)=(-1,1),(1,1),(1,-1),(-1,-1)$，共有 4 个解；

当 $x^2+y^2=3$ 时，没有解；

当 $x^2+y^2=4$ 时，$(x,y)=(-2,0),(2,0),(0,-2),(0,2)$，共有 4 个解；

当 $x^2+y^2=5$ 时，$(x,y)=(-2,-1),(-2,1),(-1,-2),(-1,2),(2,-1),(2,1),(1,-2),(1,2)$，共有 8 个解.

综上由加法原理，满足题目要求的格点共有 $1+4+4+0+4+8=21$（个）.

点评 该例题主要运用加法原理与乘法原理,通过列举法求得了组合数与排列数,其实列举法是解答排列组合计数的重要方法.另外,两个基本计数原理中已包含了重要的分类讨论的数学思想方法,因此在解排列组合的计数问题时,分类讨论是必不可少的,有时甚至还将成为解题的关键.

例2 已知 n 是正整数,求证

$$\sum_{k=2}^{n}\left[\frac{n^2}{k}\right]=\sum_{k=n+1}^{n^2}\left[\frac{n^2}{k}\right]$$

证明(王刚原创解答) 原式左右两边都能对应成平面直角坐标系内某区域的格点数目.我们以 $n=4$ 为例(图 2).

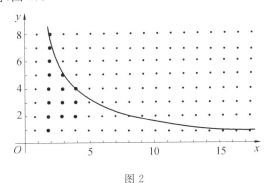

图 2

较大格点的数目就是等式左边的值,较小格点的数目就是等式右边的值.为了说明两种格点数目相等,如果一大一小两个格点处在关于 $y=x$ 对称的位置上,那么抵消掉这两个点,剩下的点如图 3.

所以要证的等式等价于 $n(n-1)=n^2-n$.

5

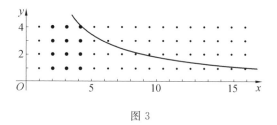

图 3

例 3 设 E 是平面上的椭圆,其面积为 $A \geqslant 1$. 证明:E 上整点的数目 n 满足 $n < 6A^{\frac{1}{2}}$.

证明 把 E 的中心放在坐标平面的原点,并设圆 $C: x^2 + y^2 = \dfrac{A}{\pi} = r^2$. 设 u 是平面上使得 $u(C) = E$,$\det(u) = 1$ 的线性变换(由于 C 和 E 的面积相等,因此所说的线性变换存在). 设 k 是一个整数,$k > 2(\pi^2 A)^{\frac{1}{3}}$. 由于 $A \geqslant 1$,因此 $k \geqslant 5$. 设 P 是内接于 C 的正 k 边形,其顶点是 $p_s = re^{\frac{2\pi i s}{k}}, s \in \mathbf{Z}$. 这里我们按照通常的方式使得复平面和坐标平面重合.

设 $\boldsymbol{v}_s = \overrightarrow{p_s p_{s+1}}$,那么

$$|\boldsymbol{v}_s| < \frac{2\pi r}{k} = \frac{2}{k}(\pi A)^{\frac{1}{2}}$$

由于 $\boldsymbol{v}_s$ 和 $\boldsymbol{v}_{s+1}$ 之间的夹角为 $\dfrac{2\pi}{k}$,我们有

$$|\boldsymbol{v}_s \times \boldsymbol{v}_{s+1}| = |\boldsymbol{v}_s|^2 \sin\frac{2\pi}{k} < \frac{8\pi^2}{k^3}A < 1$$

由于 u 是保面积的,因此由上式得出

$$|u(\boldsymbol{v}_s) \times u(\boldsymbol{v}_{s+1})| < 1$$

假如在 E 上存在三个位于 $u(p_s)$ 和 $u(p_{s+2})$ 之间的整点 a,b,c,那么 $|(b-a) \times (c-b)|$ 是一个非零整数,

6

因此

$$| (b-a) \times (c-b) | \geqslant 1$$

那么

$$| u^{-1}(b-a) \times u^{-1}(c-b) | \geqslant 1$$

由于 $u^{-1}(a), u^{-1}(b), u^{-1}(c)$ 都位于 p_s 和 p_{s+2} 之间,而在这段弧上,邻接的弦向量的外积的绝对值的最大值是 $| v_s \times v_{s+1} |$,因此这不可能. 这就说明在 E 的每段弧 $(u(p_s), u(p_{s+1}))$ 所包围的区域中至多有两个整点. 这就得出 E 上至多有 k 个整点,设 k 是满足 $k > 2(\pi A)^{\frac{1}{2}}$ 的最小整数,则 $k < 6A^{\frac{1}{2}}$.

一个平方和问题

数论中有一个算术函数 $r(n)$，其定义是：将非负整数 n 表示为两个整数 x，y 的平方和，即 $n = x^2 + y^2$，则有序数偶 (x,y) 的个数记为 $r(n)$. 例如：$r(5) = 8$，由于

$$5 = (+1)^2 + (+2)^2 = (+2)^2 + (+1)^2$$
$$= (+1)^2 + (-2)^2 = (-2)^2 + (+1)^2$$
$$= (-1)^2 + (+2)^2 = (+2) + (-1)^2$$
$$= (-1)^2 + (-2)^2 = (-2)^2 + (-1)^2$$

这些式子分别相当于有序数偶 $(1,2)$，$(2,1)$，$(1,-2)$，$(-2,1)$，$(-1,2)$，$(2,-1)$，$(-1,-2)$，$(-2,-1)$.

函数 $r(n)$ 的几个值是：$r(0) = 1$，$r(1) = 4$，$r(2) = 4$，$r(3) = 0$，$r(4) = 4$，$r(5) = 8$，$r(6) = 0$，$r(7) = 0$，$r(12) = 0$，$r(13) = 8$ 等. 实际上，除了 $r(0) = 1$ 之外，由于有序数偶的对称性，$r(n)$ 的值总是 4 的倍数. 我们还

注意到,若 n 是 $4k+3$(k 是整数)型的数,则 $r(n)=0$,因为我们不难知道,任意两个整数的平方和都不能写成 $4k+3$ 的形式.具体地说,两个偶数或两个奇数的平方和是偶数,一个偶数与一个奇数的平方和是 $4k+1$ 型的数.因而当 n 依次取非负整数 $0,1,2,3,\cdots$ 时,$r(n)$ 的值常常不降到 0.

由于 $r(n)$ 的值极不规则,在这样的情况下,运用算术平均值去研究函数 $r(n)$ 是一个可取的办法.当 n 通过整数 $0,1,2,\cdots,Z-1$ 时,$r(n)$ 的算术平均值为

$$\frac{r(0)+r(1)+r(2)+\cdots+r(Z-1)}{Z}$$

令这个分式的分子为 $R(Z)$,我们就可以更简短地用 $\dfrac{R(Z)}{Z}$ 来表示,当 Z 不断地增加通过非负整数的整个值域时,如果这个式子的极限存在,那么我们就以这个极限作为 $r(n)$ 的算术平均值,令人吃惊的是,这个极限存在并且等于 π.证明这个结果既不是复杂的,也不是不可思议的,它既富有启发性,又颇有趣味,约在 1800 年,年仅 28 岁的德国数学家高斯(Gauss)就发现了它.

在笛卡儿(Descartes)坐标平面上,考虑以原点为圆心、半径为 $\sqrt{Z}$ 的圆 $C(\sqrt{Z}):x^2+y^2=Z$.设圆内有一个格点 $P=(a,b)$,所谓格点就是坐标是整数的点,于是格点 P 的坐标便满足不等式 $a^2+b^2<Z$,因为从 P 到原点的距离小于圆 $C(\sqrt{Z})$ 的半径 $\sqrt{Z}$,即 $\sqrt{a^2+b^2}<\sqrt{Z}$(图 1).此外,因为 a,b 都是整数,那么 $a^2+b^2=n$ 是

一个整数,这说明了作为圆 $C(\sqrt{Z})$ 内的格点的坐标 (a,b) 一定满足关系 $a^2+b^2<Z$. 反之,对于任何序偶 (a,b),若满足 $a^2+b^2=n<Z$,则 (a,b) 一定可作为圆 $C(\sqrt{Z})$ 内的一个格点的坐标. 因此,我们说 $R(Z)$ 等于圆 $C(\sqrt{Z})$ 内格点的个数. 下面我们来研究圆 $C(\sqrt{Z})$ 内有多少个格点.

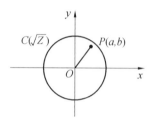

图 1

让我们将每个格点 $P(a,b)$ 安置在一个边长为 1 的正方形的中心上(图2),如果 P 在圆 $C(\sqrt{Z})$ 内,就将正方形涂上蓝色,否则就将正方形涂上红色. 结果,圆 $C(\sqrt{Z})$ 的内部大部分是蓝色的,圆 $C(\sqrt{Z})$ 的外部大

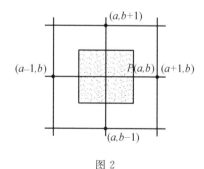

图 2

10

部分是红色的,然而也存在一些赶出圆 $C(\sqrt{Z})$ 的蓝色正方形,和一些切进圆 $C(\sqrt{Z})$ 的红色正方形(图3). 现在蓝色正方形的个数是在圆 $C(\sqrt{Z})$ 内格点的个数,而这个数等于 $R(Z)$. 因为每个正方形的面积都为 1,所以蓝色正方形的个数等于被涂上蓝色的整个多边形的面积,这个面积我们用 A 表示,于是 $R(Z)=A$. 现在我们来估计 A 的值. 设 Q 是不在圆 $C(\sqrt{Z})$ 内部的格点,D 是以 Q 为中心的单位正方形内的任意一点(图4),

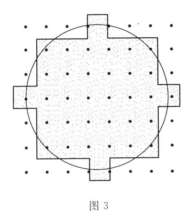

图 3

则 $OQ \geqslant \sqrt{Z}$,$DQ \leqslant \dfrac{1}{\sqrt{2}}$,通过不等式 $OD + DQ \geqslant OQ$,

我们得到 $OD \geqslant OQ - DQ \geqslant \sqrt{Z} - \dfrac{1}{\sqrt{2}}$,因此我们说没

有一个红色的点是位于圆 $C(\sqrt{Z} - \dfrac{1}{\sqrt{2}})$ 内部的. 类似

地,我们设 P 是在圆 $C(\sqrt{Z})$ 内部的格点,B 是以 P 为中心的单位正方形内的任意一点,我们得到 $OP <$

$\sqrt{Z}$，$PB \leqslant \dfrac{1}{\sqrt{2}}$ 和 $OB \leqslant OP + PB < \sqrt{Z} + \dfrac{1}{\sqrt{2}}$，因此没有

一个蓝色的点在圆 $C(\sqrt{Z} + \dfrac{1}{\sqrt{2}})$ 的外部，于是 A 介于圆

$C(\sqrt{Z} - \dfrac{1}{\sqrt{2}})$ 的面积和圆 $C(\sqrt{Z} + \dfrac{1}{\sqrt{2}})$ 的面积之间，即

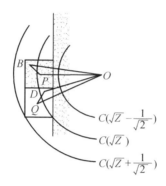

图 4

$$\pi(\sqrt{Z} - \frac{1}{\sqrt{2}})^2 \leqslant R(Z) \leqslant \pi(\sqrt{Z} + \frac{1}{\sqrt{2}})^2$$

由此得

$$Z - \sqrt{2Z} + \frac{1}{2} \leqslant \frac{R(Z)}{\pi} \leqslant Z + \sqrt{2Z} + \frac{1}{2}$$

$$-\sqrt{\frac{2}{Z}} \leqslant \frac{R(Z)}{\pi Z} - 1 - \frac{1}{2Z} \leqslant \sqrt{\frac{2}{Z}}$$

也就是

$$\left| \frac{R(Z)}{\pi Z} - 1 - \frac{1}{2Z} \right| \leqslant \sqrt{\frac{2}{Z}}$$

而

$$\left| \frac{R(Z)}{\pi Z} - 1 - \frac{1}{2Z} \right| \geqslant \left| \frac{R(Z)}{\pi Z} - 1 \right| - \left| \frac{1}{2Z} \right|$$

12

由上面两式得

$$\left| \frac{R(Z)}{\pi Z} - 1 \right| \leqslant \sqrt{\frac{2}{Z}} + \left| \frac{1}{2Z} \right| = \sqrt{\frac{2}{Z}} + \frac{1}{2Z}$$

当 $Z \to \infty$ 时，$\sqrt{\dfrac{2}{Z}} + \dfrac{1}{2Z} \to 0$，所以

$$\lim_{Z \to \infty} \left| \frac{R(Z)}{\pi Z} - 1 \right| = 0$$

由此得

$$\lim_{Z \to \infty} \frac{R(Z)}{\pi Z} = 1$$

这就证明了

$$\lim_{Z \to \infty} \frac{R(Z)}{Z} = \pi$$

正则点系

第
二
章

在这一章里我们准备用新的观点研究空间的度量性质. 直到现在为止, 我们只研究了一些曲线和曲面, 也就是只接触到一些连续图形, 但现在我们要转而建立由离散的几何元素做成的系统. 这样的系统也时常在其他数学分支里遇到, 尤其是在数论和函数论以及结晶学中.

1. 平面格点

由离散的部分组成的最简单的图形是平面正方形点格[①](图 1). 要得到这样的点格, 我们在平面上画出面积为一单位的正方形的四个顶点, 把正方形沿某一边的一个方向移出一边之长, 画出所得的两个

---

① "点格" 是指由点组成的 "格子", 下文中的 "格子点" 是指点格中的任意点.

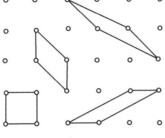

图 1

新顶点. 设想这样的步骤可以在一个方向上和它的相反方向上无止境地继续进行, 这样我们在平面上就得到了由距离相等的两列点所组成的长条. 把长条在与它垂直的方向上移出一边之长, 画出得到的新顶点. 假定这个步骤又可以在两个方向上无止境地进行. 这样就作出了全部的正方形点格. 正方形点格还可以定义为在平面笛卡儿坐标系中整数坐标点的集合.

当然, 由一个点格的四个顶点不仅可以组成正方形, 也可以组成其他图形, 例如平行四边形. 容易知道, 由平行四边形出发得到的点格与由正方形出发得到的相同, 只要这个平行四边形不以格子点为顶点, 而它的内部和边上不含任何其他格子点就行了 (否则的话, 用这种办法得出的点不能包括格子点的全体). 今试取任意的这样一个平行四边形来考察. 可以看出, 它的面积等于原来正方形的面积 (图 1). 关于这句话的严格证明, 将在下文给出.

尽管如此简单的点格, 却可以引起重要的数学研究, 其中最早的是高斯的研究. 高斯尝试在半径等于 r

15

的圆面中找出格子点的数目 $f(r)$,这里圆心是一格子点,而 r 是一整数. 高斯凭实验找出对于许多 r 值的 $f(r)$ 值来,有如

$$r=10, f(r)=317$$
$$r=20, f(r)=1\ 257$$
$$r=30, f(r)=2\ 821$$
$$r=100, f(r)=31\ 417$$
$$r=200, f(r)=125\ 629$$
$$r=300, f(r)=282\ 697$$

高斯研究函数 $f(r)$ 的目的,原想借这个结果来计算 π 的近似值. 每个基本正方形的面积,按假设都等于一单位,因此 $f(r)$ 就等于被左下顶点在圆面之内或边上的所有正方形覆盖着的面积 F(图 2). 这样说来, $f(r)$ 与圆面面积 πr^2 之差不超过与圆面相交的(包括计算进去的或未计算的)正方形面积的总和 $A(r)$

$$|\ f(r)-\pi r^2\ | \leqslant A(r)$$
$$\left|\frac{f(r)}{r^2}-\pi\right| < \frac{A(r)}{r^2}$$

要求 $A(r)$ 的估值是不难的. 单位正方形的两点间最大距离是 $\sqrt{2}$,所以所有与圆相交的正方形都落在一个圆环内,环的宽度为 $2\sqrt{2}$,而夹在半径为 $r+\sqrt{2}$ 和 $r-\sqrt{2}$ 的两圆之间. 圆环的面积是

$$B(r)=[(r+\sqrt{2})^2-(r-\sqrt{2})^2]\pi = 4\sqrt{2}\pi r$$

但 $A(r)<B(r)$,所以

$$\left|\frac{f(r)}{r^2}-\pi\right| < \frac{4\sqrt{2}\pi}{r}$$

16

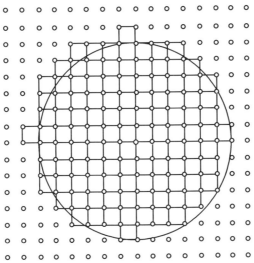

图 2

由此再运用极限过程,就得到我们所要找的公式

$$\lim_{r \to \infty} \frac{f(r)}{r^2} = \pi \qquad (1)$$

现在把高斯求得的 $f(r)$ 之值代入上式,得出下列 π 的近似值($\pi = 3.141\ 59\cdots$)

$$r = 10, \frac{f(r)}{r^2} = 3.17$$

$$r = 20, \frac{f(r)}{r^2} = 3.142\ 5$$

$$r = 30, \frac{f(r)}{r^2} = 3.134$$

$$r = 100, \frac{f(r)}{r^2} = 3.141\ 7$$

$$r = 200, \frac{f(r)}{r^2} = 3.140\ 725$$

$$r = 300, \frac{f(r)}{r^2} = 3.141\ 07$$

公式(1)的另一个应用是证明在前文提到的那一句话：凡能产生正方形点格的任一平行四边形，它的面积都等于 1. 为了证明，我们设想圆域内的每一格子点都是一基本平行四边形的一顶点，并约定所有这些顶点在平行四边形相同的位置上. 让我们把平行四边形覆盖着的面积 F 跟圆面的面积比较一下. 这里也发生由半径 $r+c$ 和 $r-c$ 所作成的圆环面积 $B(r)$ 产生的微小误差，其中 c 是一基本平行四边形的两点间的最大距离，而与 r 无关. 假定基本平行四边形的面积为 a，则面积 F 等于 $a \cdot f(r)$. 由此得出公式

$$| af(r) - r^2 \pi | < B(r) = 4rc\pi$$

于是

$$\left| \frac{af(r)}{r^2} - \pi \right| < \frac{4c\pi}{r}$$

$$\lim_{r \to \infty} \frac{f(r)}{r^2} = \frac{\pi}{a}$$

我们已经证明过

$$\lim_{r \to \infty} \frac{f(r)}{r^2} = \pi$$

据此[1]，我们的断言 $a = 1$ 得证.

现在我们转来研究一般的"单位点格"，这是说，根据由单位正方形产生正方形点格的方法，由面积等

---

[1]　在这个证明中，也可以不必是圆，而是任何的一块平面，只要这块平面边上被覆盖的那一部分对整个的这块平面来说，是任意的狭窄就行了.

于一单位的任意平行四边形产生的点格.这里也是一样,不同的平行四边形可以产生相同的点格,但是这些平行四边形的面积必定等于一单位.证法如同正方形点格的情形.

对任意这样一单位点格来说,两格子点间最短的距离 c 是一个特征值.单位点格的 c 可以随意小,这只要考虑由 c 和 $\frac{1}{c}$ 为边的矩形产生的点格就明白了.但是另一方面,c 显然不能庞大无边,否则点格就不是单位点格了.因此 c 必有一上界.今试确定这个上界.

从任一单位点格中任意选取距离最短(比如说,最短距离是 c)的两点(图3).通过这两点作一直线 g.按照点格的定义,在这条直线上应有无穷多的、间隔为 c 的其他点,在平行于 g 且与 g 的距离为 $\frac{1}{c}$ 的直线 h 上也应有无穷多的格子点,但在两平行线 g 和 h 之间的区域内不应包含任何格子点.以上两项事实都是从所讨论的点格是单位点格推出来的.以 c 为半径、以 g 上的所有的格子点为圆心作圆,全部的圆将覆盖着一平面长条,这个长条的边界是一些圆弧.长条内部的任一点至少同一个格子点的距离小于 c,所以按照 c 的定义,这个点不是格子点.因此 $\frac{1}{c}$ 必大于或等于长条边界线到 g 的最短距离.这个距离显然是以 c 为边的等边三角形的高.于是就有

$$\frac{1}{c} \geqslant \frac{c}{2}\sqrt{3}$$

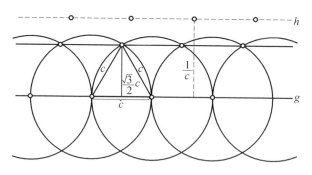

图 3

$$c \leqslant \sqrt{\frac{2}{\sqrt{3}}}$$

$\sqrt{\dfrac{2}{\sqrt{3}}}$ 就是所求的 c 的上界,而且确实也有一个点

格达到这个极值,因为,从图 3 上看出,这样的点格可
以用由两个等边三角形拼成的平行四边形产生出来.

单位点格经过膨胀或收缩后可以得到随意大小
的点格.设 a^2 是某个点格的基本平行四边形的面积,C
是两个格子点间的最短距离,那么应有

$$C \leqslant a \sqrt{\frac{2}{\sqrt{3}}}$$

等号当且仅当点格是由等边三角形组成的时候才成
立.所以,对一给定的最短距离,这样的点格含有最小
的基本平行四边形.但是,我们在上文看过,大的图形
的面积近似的等于在那个区域里格子点数乘以基本
平行四边形的面积,所以在具有给定的最短距离的一
切点格中,等边三角形点格(在给定的大区域里)含有
最多的点.

20

若以每一格子点为圆心，以两个格子点间的最短距离的一半为半径作圆，则得到一组彼此相切但没有覆盖现象的圆. 这样作出来的圆组称为（正则的）圆形格子式堆积. 我们说一种图形格子式堆积较另一种紧密，如果前一种堆积能在相当大的已知区域内放进较多的圆. 据此得知，等边三角形点格产生最紧密的圆形格子式堆积（图 4）.

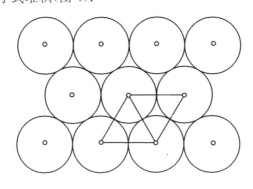

图 4

作为圆形格子式堆积的密度的度量，我们取包含在已知区域内各圆的总面积除以这个区域的面积. 对于充分大的区域来说，这个值显然近似等于一个圆的面积除以基本平行四边形的面积. 等边三角形点格给出密度的最大值

$$D = \frac{1}{2\sqrt{3}}\pi = 0.289\pi$$

2. 在数论中的平面点格

点格在许多数论问题中有用处，以下我们举几个例子. 为避免叙述烦冗起见，在这一节里要预先假定

21

比本章其他地方较多一些的数学知识.

（1）莱布尼兹（Leibniz）级数.

$\frac{\pi}{4}=1-\frac{1}{3}+\frac{1}{5}-\frac{1}{7}+\cdots$. 如同上节中所述,假定 $f(r)$ 代表在以 r 为半径,以一格子点为圆心的圆内,平面正方形单位点格的点的个数. 我们把圆心作为笛卡儿坐标的原点,并把格子点配以整数坐标. 这样 $f(r)$ 便是适合 $x^2+y^2\leqslant r^2$ 的所有整数偶 (x,y) 的个数. 因为 x^2+y^2 总表示整数 n,所以可以如此去求 $f(r)$：对每一整数 $n\leqslant r^2$,找出能以两整数平方之和表示它的方法的个数,把所有这些分解法的个数相加. 在数论中有这样一个定理：一整数 n 表示为两整数平方之和的方法的个数,等于 n 的具有 $4k+1$ 和 $4k+3$ 形式的因子的个数之差的四倍. 但在这种表示法中,如 $n=a^2+b^2,n=b^2+a^2,n=(-a)^2+b^2$ 等须认为是不同的分解式,因为它们对应不同的格子点. 这样说来,每种分解式可以导出 8 种分解式来（但如 $a=\pm b,a=0,b=0$ 是例外）. 作为本定理的例子,我们来看 $n=65$ 这个数. 这个数共有四个因子：$1,5,13,65$,所有这些因子都可以写成 $4k+1$ 的形式,但是 $4k+3$ 形式的却一个也没有. 因此所求的差是 4,于是根据我们的定理,65 这个数可以写成 16 种两数平方之和（换句话说,以原点为中心、以 $\sqrt{65}$ 为半径的圆周通过 16 个格子点）. 实际上,$65=1^2+8^2,65=4^2+7^2$,每个式子又可以写成 8 种形式.

根据这个定理,对于每个正整数 $n\leqslant r^2$,从形如 $4k+1$ 的因子个数减去形如 $4k+3$ 的因子个数,再将

各差相加,则得出 $\frac{1}{4}(f(r)-1)$. 不过,如果把加减的
次序做适当的变更,尚可以简化许多. 这就是说,从
$n \leqslant r^2$ 中所有的形如 $4k+1$ 的因子数之和减去所有的
形如 $4k+3$ 的因子数之和. 要决定第一个和,把形如
$4k+1$ 的各数按大小次序写成 $1,5,9,13,\cdots$,所有大
于 r^2 的数一概不计. 每个这样的数累加几次不超过
r^2,在计算因子时,它就应该计算几次. 因此,1 应有
$[r^2]$ 次,5 有 $\left[\dfrac{r^2}{5}\right]$ 次,这里的 $[a]$ 一般表示不超过 a 的
最大整数. 所以我们所求的 $4k+1$ 形式的因子总数是
$[r^2]+\left[\dfrac{r^2}{5}\right]+\left[\dfrac{r^2}{9}\right]+\cdots$. 由符号 $[a]$ 的定义知,这个级
数只要方括号中的分母超过分子就中断了. 对于 $4k+$
3 形式的因子也可以同样地处理,从而得出这种因子
总数为

$$\left[\frac{r^2}{3}\right]+\left[\frac{r^2}{7}\right]+\left[\frac{r^2}{11}\right]+\cdots$$

我们还要从第一个和中减去第二个和. 因为这两个和
的项数都是有限的,所以级数的次序可以随意变更.
如用下法,则在过渡到极限 $r \to \infty$ 时较为方便. 我们把
得出的结果写成下面的形式

$$\frac{1}{4}(f(r)-1)=[r^2]-\left[\frac{r^2}{3}\right]+\left[\frac{r^2}{5}\right]-\left[\frac{r^2}{7}\right]+$$
$$\left[\frac{r^2}{9}\right]-\left[\frac{r^2}{11}\right]+\cdots$$

　　为了弄清楚这个级数什么时候中断,我们姑且假
定 r 是奇数. 这样级数一共有 $\dfrac{r^2+1}{2}$ 项. 这个和中的符

号加减相间,同时绝对值不增加. 因此如果在 $\left[\dfrac{r^2}{r}\right] = [r] = r$ 这项处就中断了,由此所产生的误差最多等于最后的一项 r,所以我们可以把这个误差写作 ϑr,这里的 ϑ 是一真分数. 如果我们要把留下的 $\dfrac{1}{2}(r+1)$ 项的方括号去掉,结果每项的误差都小于 1,所以总的误差又可以写作 $\vartheta' r$,而 ϑ' 是一真分数,于是我们有

$$\frac{1}{4}(f(r)-1) = r^2 - \frac{r^2}{3} + \frac{r^2}{5} - \frac{r^2}{7} + \cdots \pm r \pm \vartheta r \pm \vartheta' r$$

各项除以 r^2 后,得

$$\frac{1}{4}\left(\frac{f(r)}{r^2} - \frac{1}{r^2}\right) = 1 - \frac{1}{3} + \frac{1}{5} - \frac{1}{7} + \cdots \pm \frac{1}{r} \pm \frac{\vartheta + \vartheta'}{r}$$

让 r 无限增加(取所有的奇数值),则 $\dfrac{f(r)}{r^2}$ 趋近于 π,这是已经证明过的. 这样就导出了莱布尼兹级数

$$\frac{1}{4}\pi = 1 - \frac{1}{3} + \frac{1}{5} - \frac{1}{7} + \cdots$$

(2)二次形式的最小值.

命

$$f(m,n) = am^2 + 2bmn + cn^2$$

是以实数 a,b,c 为系数且行列式 $D = ac - b^2 = 1$ 的二次形式. 在这种情形下 a 不能等于 0. 今不妨假定 $a > 0$. 众所周知,满足这些条件的 $f(m,n)$ 是正定的,也就是说,对于所有的实数偶 m,n,除去 $m = n = 0$ 之外,$f(m,n)$ 是正的. 以下我们要证明:不管如何选择系数 a,b,c,只要它们适合条件 $ac - b^2 = 1$ 且 $a > 0$,总有两个不全

为 0 的整数 m,n，使 $f(m,n) \leqslant \dfrac{2}{\sqrt{3}}$ 成立．

这句断语可以从我们以前讨论过的在单位点格中两点间的最小距离得知．利用条件 $D=1$，再用通常的配方法，$f(m,n)$ 可写成

$$f(m,n) = (\sqrt{a}\,m + \frac{b}{\sqrt{a}}n)^2 + \left(\sqrt{\frac{1}{a}}\,n\right)^2$$

现在考虑平面笛卡儿坐标系中坐标为

$$x = \sqrt{a}\,m + \frac{b}{\sqrt{a}}n$$

$$y = \sqrt{\frac{1}{a}}\,n$$

的点，这里的 m 和 n 取所有的整数值．根据解析几何的初等定理知道，这些点应该作成单位点格．因为它们可以从正方形单位点格 $x=m, y=n$ 经过行列式等于 1 的平面仿射变换

$$x = \sqrt{a}\,\xi + \frac{b}{\sqrt{a}}\eta$$

$$y = \sqrt{\frac{1}{a}}\,\eta$$

而得．但是现在 $f(m,n) = x^2 + y^2$，所以当 m 和 n 取所有的整数值时，$\sqrt{f(m,n)}$ 表示从原点到相应的格子点的距离．按照前面讲过的定理，点格有一点 P，可使这个距离不超过 $\sqrt{\dfrac{2}{\sqrt{3}}}$．由此对 P 的两整数坐标 (m,n) 来说，我们就有

$$f(m,n) \leqslant \frac{2}{\sqrt{3}}$$

这就是要证明的.

这个结果可以用来解决通过有理数逼近实数的问题. 设 a 是任一实数. 我们考虑形式

$$f(m,n) = \left(\frac{an-m}{\varepsilon}\right)^2 + \varepsilon^2 n^2$$

$$= \frac{1}{\varepsilon^2} m^2 - 2\frac{a}{\varepsilon^2} mn + \left(\frac{a^2}{\varepsilon^2} + \varepsilon^2\right) n^2$$

这个形式的行列式是

$$D = \frac{1}{\varepsilon^2}\left(\frac{a^2}{\varepsilon^2} + \varepsilon^2\right) - \frac{a^2}{\varepsilon^2} = 1$$

这里的 ε 是任意正数. 根据我们刚才证明的结果, 常可以找到两数 m,n, 使适合不等式

$$\left(\frac{an-m}{\varepsilon}\right)^2 + \varepsilon^2 n^2 < \frac{2}{\sqrt{3}}$$

从这里显然可得两不等式

$$\left|\frac{an-m}{\varepsilon}\right| < \sqrt{\frac{2}{\sqrt{3}}} , \ |\varepsilon n| \leqslant \sqrt{\frac{2}{\sqrt{3}}}$$

从这里又得[①]

$$\left|a - \frac{m}{n}\right| \leqslant \frac{r}{|n|}\sqrt{\frac{2}{\sqrt{3}}} , \ |n| \leqslant \frac{1}{\varepsilon}\sqrt{\frac{2}{\sqrt{3}}}$$

如果 a 不是有理数, 第一个不等式的左边必不等于 0.

---

① 对于充分小的 ε, 是允许用 n 除的, 因为, 如果 $n = 0$, 不等式 $|an-m| \leqslant \varepsilon\sqrt{\frac{2}{\sqrt{3}}}$ 就不成立了.

26

所以假如给定的 ε 的值越来越小，则必得无穷多的这样的数偶 (m,n)，因为此时 $\left|a-\dfrac{m}{n}\right|$ 必无限减小。用这种方法我们得到与无理数 a 随意逼近的有理数 $\dfrac{m}{n}$。另外，借用第二不等式可以消去 ε，从而得到

$$\left|a-\frac{m}{n}\right|\leqslant\frac{2}{\sqrt{3}}\cdot\frac{1}{n^2}$$

这样一来，我们有了一个近似分数的序列，其近似的程度与分母的平方成正比例。这种近似值的分母不需要很大而近似程度就相当高。

（3）闵可夫斯基（Minkowski）定理。

闵可夫斯基建立了一个关于点格的定理，这个定理虽然很简单，可是能够解决数论上许多用别的方法难以解决的问题。为了容易明白，这里我们不讲定理的一般形式，而只讨论一个特殊的情形，这种情形不但非常容易表述，而且从方法上说，已包含了主要的一切。这个定理为：

如果以边长为 2 的正方形覆盖平面上任一已知单位点格，且使正方形的中心与一格子点重合，那么在这个正方形的内部或边上还有一个格子点。

要证明这一定理，设想在点格平面上划定了任意一个大的区域，譬如说是以大的 r 为半径、以一个格子点为圆心的圆的内部和圆周。对于在这个区域中的每一格子点都以这点为中心作一个以 s 为边长的正方形（图 5）。现在要求不管选择 r 多么大，也没有两个正方形是覆盖着的，在这个要求之下，来估计一下边长 s 的

27

大小. 依照我们前面讲过的记号,在所说的区域内有 $f(r)$ 个格子点,因为正方形不得互相覆盖,所以它们的总面积为 $s^2 f(r)$. 另外,这些正方形都落在较大的半径为 $r+2s$ 的同心圆内,因此我们得到下面的不等式

$$s^2 f(r) \leqslant \pi(r+2s)^2$$

或

$$s^2 \leqslant \frac{\pi r^2}{f(r)}\left(1+\frac{2s}{r}\right)^2$$

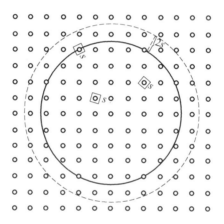

图 5

如果将 s 固定,让 r 无限增加,由前面的 $f(r)$ 的讨论,知道不等式的右方趋近于 1. 所以我们得出 s 的条件是

$$s \leqslant 1$$

因为两正方形只可能有覆盖或不覆盖两种情形,由此可知,对于任意正数 ε,不管它多么小,如果从边长为 $1+\varepsilon$ 的正方形出发,必然得到覆盖的正方形. 直到现

28

在,我们并没有假定正方形的相互位置,因此我们可以把正方形绕其中心做任何角度的转动.让我们假定所有的正方形都平行地放着.今取出以 A 和 B 为中心的两个互相覆盖的正方形 a,b 来看(按照题设,A,B 即是格子点),则线段 AB 的中点 M 必落在这两个正方形的内部(图 6).

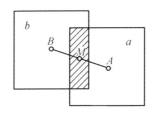

图 6

为了简明起见,今后凡是遇到两格子点连线的中点,例如 M,我们一概用点格的"平分点"一词代表.现在我们可以推出这样的结论:以一格子点为中心且以 $1+\varepsilon$ 为边长的任一正方形 a,一定包含一平分点.因为如以所有别的格子点为中心作一些正方形与 a 全等且同方向,则必有某些地方覆盖起来,又因为所有的正方形在这个图形上都有相同资格,所以 a 自己也必部分地被另一正方形 b 覆盖着,因此 a 必包含一平分点,如同图 6 中的点 M.现在我们可以用反证法来完成定理的证明.假如以一格子点 A 为中心,以 2 为边长的正方形的内部或边上再没有另外的格子点,那么我们可以把这个正方形在保持边的方向和中心的位置的条件下稍微地扩大一下,使得扩大后的正方形 a' 的一边为 $2(1+\varepsilon)$,也不包含其他的格子点.另外,我们把这个正方形也在保持边的方向和中心的条件下收缩到原边的一半,就得到以 A 为中心,以 $1+\varepsilon$ 为边长的正方形 a,这个正方形,刚才证明过必包含一平分点 M. 这就是个矛盾,因为延长 AM 一倍到 B,则 B 必是一格子点,而且从 a 和 a' 的相互位置来看,可知这个格子点必在 a' 之内(图 7).

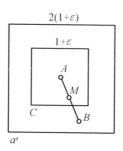

图 7

闵可夫斯基定理的一个有效应用是处理上一节我们曾经讲过的用有理数逼近实数的问题. 我们的方法和上一节十分相似,可是得到了更好的结果. 借用已知的无理数 a,我们作点格,格子点的笛卡儿坐标为

$$x = \frac{an - m}{\varepsilon}, y = \varepsilon n$$

其中 m 和 n 取所有的整数值,ε 是任意的正数. 像以前一样,可以知道这个点格是单位点格. 图 8 表示点格中的一个基本平行四边形,假定 $0 < a < 1$. 我们作一正方形,以 2 为边长,中心在原点,且使其边平行于坐标轴. 应用闵可夫斯基定理,这个正方形必包含另一格子点. 这个格子点由不全等于 0 的某两整数 m 和 n 决定. 另外,在正方形的内部和边上的点的坐标都满足

30

不等式 $|x| \leqslant 1$, $|y| \leqslant 1$. 因此 m, n 应满足下面的两个不等式

$$\left| \frac{an - m}{\varepsilon} \right| \leqslant 1, \quad |\varepsilon n| \leqslant 1$$

或

$$\left| a - \frac{m}{n} \right| \leqslant \frac{\varepsilon}{|n|}, \quad |n| \leqslant \frac{1}{\varepsilon}$$

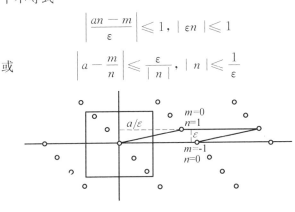

图 8

这就得出逼近 a 到随意准确程度的另一分数 $\frac{m}{n}$ 的序列. 消去 ε, 得

$$\left| a - \frac{m}{n} \right| \leqslant \frac{1}{n^2}$$

由此可见, 闵可夫斯基定理证明了有逼近 a 的分数序列存在, 它比在上一节作出的分数序数更好, 那里我们不过得到了近似式

$$\left| a - \frac{m}{n} \right| \leqslant \frac{2}{\sqrt{3}} \frac{1}{n^2}$$

这个结果比较弱, 因为 $\frac{2}{\sqrt{3}} > 1$.

当然这一节所讲的方法不仅可以应用于平面, 也可以应用于任意维数的空间, 因而可以得到许多更一般的数论上的结果.

31

给定区域内的整点问题[①]

第
四
章

（1）记号.

对于正数 B，记号 $A \ll B$ 表示 $|A| B^{-1}$ 不超过某个常数. $\varepsilon, \varepsilon', \varepsilon'', \cdots; \varepsilon_1, \varepsilon_2, \cdots$ 为任意很小的正整数.

维诺格拉多夫(И. М. Виноградов)曾在文[1]中给出和式

$$h(-1) + h(-2) + \cdots + h(-n)$$

的渐近式的剩余项的次级为

$$n^{\frac{19}{28} + \varepsilon}$$

这里 $h(-t)$ 是数论中有名的函数.

这里关于剩余项，中国科学院数学研究所的陈景润院士在 1962 年给出了更低级的，它是

$$n^{\frac{35}{52} + \varepsilon}$$

---

① 选自《数学学报》，1962 年 12 月，第 12 卷第 4 期.

相似的方法可以得到其他的一些渐近式的剩余项也具有更低的次级. 例如, 关于球 $x^2 + y^2 + z^2 \leqslant a^2$ 内整点的表达式的渐近式剩余项的次级为

$$a^{\frac{35}{26}+\varepsilon}$$

较之维诺格拉多夫的结果[1]

$$a^{\frac{19}{14}+\varepsilon}$$

更为低级.

（2）为了证明我们的结果, 需要使用下面的两个引理, 这两个引理在[2,3]中已经证明过了.

引理 1　假定 H, U, A, q, r 是满足条件

$$H > 0, U^2 \gg A \gg 1, 0 < r - q \ll U$$

的实数. 在区间 $q < x \leqslant r$ 中, 实函数 $f(x)$ 与 $\varphi(x)$ 满足不等式

$$A^{-1} \ll f''(x) \ll A^{-1}, \varphi(x) \ll H$$

同时上述的区间又可以分成有限个区间, 在其中任一个区间, 函数 $\varphi(x)$ 都是单调的, 则有

$$\sum_{q < x \leqslant r} \varphi(x) e^{2\pi i f(x)} \ll \left(\frac{U}{\sqrt{A}} + \sqrt{A} + \ln(U+1) \right)$$

引理 2　假定 H, U, A, q, r 是满足条件

$$H > 0, U^2 \gg A \gg 1, 0 < r - q \ll U$$

的实数, 其次假定 $f(x)$ 和 $\varphi(x)$ 都是次数不超过某常数的代数函数, 同时假定它们在区间 $q < x \leqslant r$ 中满足条件

$$A^{-1} \ll f''(x) \ll A^{-1}, f'''(x) \ll \frac{1}{AU}$$

$$H \ll \varphi(x) \ll H, \varphi'(x) \ll HU^{-1}, \varphi''(x) \ll HU^{-2}$$

则存在公式

$$\sum_{q < x \leqslant r} \varphi(x) e^{2\pi i f(x)} = \sum_{f'(q) \leqslant k \leqslant f'(r)} Z_k + O(HT + H\ln(U+1))$$

这里

$$Z_k = b_k \frac{1+i}{\sqrt{2}} \frac{\varphi(x_k)}{\sqrt{f''(x_k)}} e^{2\pi i(-kx_k + f(x_k))}$$

而 x_k 是由等式 $f'(x_k) = k$ 所决定的. 若 k 和 $f'(q)$ 或 $f'(r)$ 没有一个相同,则取 $b_k = 1$,若 k 和 $f'(q)$ 或 $f'(r)$ 有一个相同时,则取 $b_k = 0.5$,最后 $T \ll \sqrt{A}$ 对于非整数的 $f'(q)$ 与 $f'(r)$ 又有

$$T \ll \max\left(\frac{1}{(f'(q))}, \frac{1}{(f'(r))}\right)$$

（3）相似于文[2],我们只需考虑表达式

$$B = \sum_{m=1}^{\infty} C_m W_m$$

$$W_m = \sum_{x > \sqrt{n}+1}^{\leqslant \sqrt{\frac{4n}{3}}} W_{m,x}, W_{m,x} = \sum_{m > -\sqrt{x^2-n^2}}^{\leqslant \sqrt{x^2-n^2}} e^{2\pi i m \frac{n+y^2}{x}}$$

这里 C_m 只和 m 有关,且有 $C_m \ll Z_m$. 这里我们将认为 Z_m 是由等式

$$Z_m = \begin{cases} \dfrac{1}{m}, & \text{如果 } m < \dfrac{1}{\Delta} \\[3mm] \dfrac{1}{\Delta^s m^{s+1}}, & \text{如果 } m > \dfrac{1}{\Delta} \end{cases}$$

所确定,其中 s 代表一个充分大的正整数,而

$$\Delta = n^{-\frac{17}{52}}$$

要证明我们的结果只需证明

$$B \ll n^{\frac{35}{52}+s}$$

在文[2]中曾指出下面的不等式

$$W_m \ll m\sqrt{n} + \sqrt{n}\,(\ln n)^2,\text{如果 } m \leqslant \sqrt{n}$$

$$W_m \ll n,\text{如果 } m > \sqrt{n}$$

因而得到

$$\sum_{m>0}^{\leqslant n^{\frac{9}{52}}} C_m W_m \ll \sum_{m>0}^{\leqslant n^{\frac{9}{52}}} \frac{m\sqrt{n} + \sqrt{n}\,(\ln n)^2}{m} \ll n^{\frac{35}{52}}$$

$$\sum_{m>n^{\frac{17}{52}+\mu}}^{\leqslant n^{\frac{1}{2}}} C_m W_m \ll \sum_{m>n^{\frac{17}{52}+\mu}}^{\leqslant n^{\frac{1}{2}}} \frac{m\sqrt{n}}{\Delta^s m^{s+1}} \ll n^{\frac{35}{52}}$$

$$\sum_{m>n^{\frac{1}{2}}} C_m W_m \ll \sum_{m>n^{\frac{1}{2}}} \frac{n}{\Delta^s m^{s+1}} \ll n^{\frac{35}{52}}$$

这里取 $\mu = \dfrac{8}{52(s-1)}$. 又利用文[2]中所指出的变换方法,可以得到

$$B = B_0 + O(n^{\frac{35}{52}})$$

$$B_0 = \sum_{m>n^{\frac{9}{52}}}^{\leqslant n^{\frac{17}{52}+\mu}} C_m \sum_{\mu>-m}^{\leqslant m} \sum_{\nu>\frac{\mu^2+3m^2}{4m}}^{\leqslant m} \frac{2im\sqrt{n}}{4m\nu - \mu^2} e^{2\pi i \sqrt{\pi(4m\nu - \mu^2)}}$$

其次 B_0 可以分为 $\ll \ln n$ 个具有形式

$$U_M = \sum_{m>M_0}^{\leqslant M} C_m \sum_{\mu} \sum_{\nu} \frac{2im\sqrt{n}}{4m\nu - \mu^2} e^{2\pi i \sqrt{\pi(4M\nu - \mu^2)}}$$

的和 U_M,这里 M_0 和 M 是满足条件

$$n^{\frac{9}{52}} \leqslant M_0 < M \leqslant n^{\frac{17}{52}+\mu}, M \leqslant \sqrt{\frac{3}{2}}\, M_0$$

由从文[2]所得到的结果,容易推出

$$U_M \ll Mn^{\frac{1}{2}+\varepsilon} Z_M \max \mid \Omega \mid$$

$$\Omega = \sum_{Z>2M^2}^{\leqslant 4M^2} \left| \sum_{\mu>-M}^{\leqslant M} \frac{e^{2\pi i(a\mu^2 + \sqrt{n(z-\mu^2)})}}{z-\mu^2} \right|$$

这里 α 是任一满足条件 $0 < \alpha < 1$ 的实数.

（4）对于和 U_M 分为两类，属于第一类的和 U_M，满足条件

$$n^{\frac{9}{52}} < M \leqslant n^{\frac{14}{52}+\mu}$$

而属于第二类的和 U_M 满足条件

$$n^{\frac{14}{52}} < M \leqslant n^{\frac{17}{52}+\mu}$$

对于属于第一类的和 U_M，使用文［2］的方法而得到

$$U_M \ll n^{\frac{1}{2}+\varepsilon'}(M^{\frac{1}{3}}n^{\frac{1}{12}} + M^{\frac{2}{3}}n^{-\frac{1}{12}}) \ll n^{\frac{1}{2}+\varepsilon'}M^{\frac{1}{3}}n^{\frac{1}{12}} \ll n^{\frac{35}{52}+\varepsilon'}$$

所以说我们只需考虑和 U_M 属于第二类的，取文［2］中的 h 为

$$h = \left[M^{\frac{10}{9}} n^{-\frac{1}{18}} \right]$$

和 Ω 中对应于 $\mu=0$ 者将 $\ll 1$，而对于其他的项 $\mu = \mu'$ 和 $\mu = -\mu'$ 具有同样的数值，所以

$$\Omega \ll 1 + \sum_z \left| \sum_{\mu>0}^{\leqslant M} \frac{e^{2\pi i(a\mu^2 + \sqrt{n(z-\mu^2)})}}{z-\mu^2} \right|$$

假设 $g = [Mh^{-1}] + 1$ 而 $h_1 = Mg^{-1}$，那么 $h_1 < h$，并且

$$\Omega \ll 1 + \sum_{l=0}^{G-1} \Omega_l$$

$$\Omega_l = \sum_Z \left| \sum_{\mu>lh_1}^{\leqslant lh_1+h_1} \frac{e^{2\pi i(a\mu^2 + \sqrt{n(z-\mu^2)})}}{z-\mu^2} \right|$$

易得

$$\Omega_l^2 = \sum_\mu \sum_{\mu_1} \left| \sum_{z>2M^2-\mu^2}^{\leqslant 4M^2-\mu^2} \varphi(z) e^{2\pi i f(z)} \right|$$

为了简单起见,规定

$$\varphi(z) = \frac{M^2}{z(z-t)}$$

$$f(z) = f(z,t) = \sqrt{n}\,(\sqrt{z} - \sqrt{z-t}\,)$$

$$t = \mu_1^2 - \mu^2$$

这里 μ_1 和 μ 相互无关地经过那些数值

$$lh_1 \leqslant \mu, \mu_1 \leqslant lh_1 + h_1$$

为了方便起见,我们可以只取

$$\mu_1 \geqslant \mu$$

先考虑满足条件 $l > 0$ 的 Ω_l,为了简单起见,规定

$$D_1 = 2M^2 - l^2 h_1^2, D_2 = 4M^2 - l^2 h_1^2$$

易得

$$\Omega_l^2 \ll G + G' + G''$$

$$G = \sum_{\mu} \sum_{\mu_1} \mid S \mid$$

$$G' = \sum_{\mu} \sum_{\mu_1} \mid S' \mid$$

$$G'' = \sum_{\mu} \sum_{\mu_1} \mid S'' \mid$$

$$S = \sum_{z > D_1}^{\leqslant D_2} \varphi(z) e^{2\pi i f(z)}$$

$$S' = \sum_{z > 2M^2 - \mu^2}^{\leqslant D_1} \varphi(z) e^{2\pi i f(z)}$$

$$S'' = \sum_{z > 4M^2 - \mu^2}^{\leqslant D_2} \varphi(z) e^{2\pi i f(z)}$$

在这里显然有(上列诸式 μ 和 μ_1 所经过的区间是

$$lh_1 < \mu, \mu_1 \leqslant lh_1 + h_1)$$

37

$$\Omega_l \ll \sqrt{|G|} + \sqrt{|G'|} + \sqrt{|G''|}$$

（5）研究和数 G'.

为了简单起见，规定

$$D_{jU} = 2M^2 - l^2 h_1^2 - j\frac{h_1^2}{l}$$

这里记号 j 是表示具有下述性质

$$D_{jU} = 2M^2 - l^2 h_1^2 - j\frac{h_1^2}{l} \geqslant 2M^2 - \mu^2$$

的最大正整数，易得

$$G' = \sum_{\mu}\sum_{\substack{\mu_1 \\ \mu_1-\mu\leqslant h_1\left(\frac{1}{l}\right)^{\frac{5}{3}}}} |S'| + \sum_{\mu}\sum_{\substack{\mu_1 \\ \mu_1-\mu\geqslant h_1\left(\frac{1}{l}\right)^{\frac{5}{3}}}} \left|\sum_{z>2M^2-\mu^2}^{\leqslant D_{jU}} \varphi(z)e^{2\pi i f(z)}\right| +$$

$$\sum_{\mu}\sum_{\substack{\mu_1 \\ \mu_1-\mu\leqslant h_1\left(\frac{1}{l}\right)^{\frac{5}{3}}}} \left|\sum_{z>D_{jU}}^{\leqslant D_1} \varphi(z)e^{2\pi i f(z)}\right|$$

$$\leqslant \sum_{\mu}\sum_{\substack{\mu_1 \\ \mu_1-\mu\leqslant h_1\left(\frac{1}{l}\right)^{\frac{5}{3}}}} |S'| +$$

$$\sum_{\mu}\sum_{\substack{\mu_1 \\ \mu_1-\mu\geqslant h_1\left(\frac{1}{l}\right)^{\frac{5}{3}}}} \left|\sum_{z>2M^2-\mu^2}^{\leqslant D_{jU}} \varphi(z)e^{2\pi i f(z)}\right| +$$

$$\sum_{\mu}\sum_{\substack{\mu_1 \\ \mu_1-\mu\geqslant h_1\left(\frac{1}{l}\right)^{\frac{5}{3}}}} \sum_{j\geqslant 1}^{\leqslant 2l^2+l} \left|\sum_{z>2M^2-l^2h_1^2-\frac{jh_1^2}{l}}^{\leqslant 2M^2-l^2h_1^2-\frac{(j-1)h_1^2}{l}} \varphi(z)e^{2\pi i f(z)}\right|$$

研究和 $\displaystyle\sum_{\mu}\sum_{\substack{\mu_1 \\ \mu_1-\mu\geqslant h_1\left(\frac{1}{l}\right)^{\frac{5}{3}}}} |S'|$. 假定 ξ 等于 $0,1,\cdots,$

$h_1\left(\dfrac{1}{l}\right)^{\frac{5}{3}}$ 中的一个数,这里 $\mu_1-\mu=\xi$ 的解的数目 $\ll$

h_1,并且

$$t=2\mu\xi+\xi^2$$

当 $\xi=0$ 时,t 也等于 0,而当 $\xi>0$ 时,t 则满足不等式

$$2lh_1\xi<t\leqslant(2l+3)h_1\xi$$

又由于和 S' 中求和的整个区间的长度 $\ll lh_1^2$,当 $\xi=0$ 时,求得

$$S'\ll M^{-2}h_1^2l$$

而当 $\xi>0$ 时,可以应用引理 $1(H=M^{-2},U=h^2l,A=n^{-\frac{1}{2}}M^5(hl\xi)^{-1})$. 就得到

$$S'\ll n^{\frac{1}{4}}M^{-\frac{9}{2}}h^{\frac{5}{2}}l^{\frac{3}{2}}\xi^{\frac{1}{2}}+n^{-\frac{1}{4}}M^{\frac{1}{2}}h^{-\frac{1}{2}}\xi^{-\frac{1}{2}}l^{\frac{1}{2}}$$

由此,引导出

$$\sum_{\substack{\mu \\ \mu_1-\mu\leqslant h_1\left(\frac{1}{l}\right)^{\frac{5}{3}}}}\sum_{\mu_1}\ \mid S'\mid$$

$$\ll \sum_{\xi\geqslant 1}^{\leqslant h\left(\frac{1}{l}\right)^{\frac{5}{3}}}h(n^{\frac{1}{4}}M^{-\frac{9}{2}}h^{\frac{5}{2}}l^{\frac{3}{2}}\xi^{\frac{1}{2}}+n^{-\frac{1}{4}}M^{\frac{1}{2}}h^{-\frac{1}{2}}\xi^{-\frac{1}{2}}l^{\frac{1}{2}})+$$

$$M^{-2}h^3l$$

$$\ll n^{\frac{1}{4}}M^{-\frac{9}{2}}h^5l^{-1}+n^{-\frac{1}{4}}M^{\frac{1}{2}}hl^{-\frac{4}{3}}+M^{-2}h^3l$$

因而得到

$$\sum_{l>0}^{\leqslant g-1}\sqrt{\sum_{\substack{\mu \\ \mu_1-\mu\leqslant h_1l^{-\frac{5}{3}}}}\sum_{\mu_1}\ \mid S'\mid}$$

$$\ll \sum_{l>0}^{\leqslant Mh^{-1}}(M^{-1}h^{\frac{3}{2}}l^{\frac{1}{2}}+n^{\frac{1}{8}}M^{-\frac{9}{4}}h^{\frac{5}{2}}l^{-\frac{1}{2}}+n^{-\frac{1}{8}}M^{\frac{1}{4}}h^{\frac{1}{2}}l^{-\frac{2}{3}})$$

$$\leqslant M^{\frac{1}{2}}+n^{\frac{1}{8}}M^{-\frac{7}{4}}h^2+n^{-\frac{1}{8}}M^{\frac{7}{12}}h^{\frac{1}{6}}$$

$$\leqslant n^{\frac{9}{52}}$$

研究和 $\sum\limits_{\substack{\mu\\ \mu_1-\mu>0}}\sum\limits_{\mu_1}\left|\sum\limits_{z>2M^2-\mu^2}^{\leqslant D_jU}\varphi(z)\mathrm{e}^{2\pi\mathrm{i}f(z)}\right|$. 假定 ξ 等于 $1,2,\cdots,h_1$ 中的一个数,对于位于 lh_1 和 lh_1+h_1 中间的任一个给定 μ,方程 $\mu_1-\mu=\xi$ 的解的数目不多于 1 个. 当 $\xi>0$ 时应用引理 $1(H=M^{-2},U=\dfrac{h^2}{l},A=n^{-\frac{1}{2}}M^5(hl\xi)^{-1})$,而得到

$$\sum\limits_{\mu_1}\left|\sum\limits_{\substack{z>2M^2-\mu^2\\ \mu_1-\mu\geqslant1}}^{\leqslant D_jU}\varphi(z)\mathrm{e}^{2\pi\mathrm{i}f(z)}\right|$$

$$\ll\sum\limits_{\xi\geqslant1}^{\leqslant h}\left(n^{\frac{1}{4}}M^{-\frac{9}{2}}h^{\frac{5}{2}}l^{-\frac{1}{2}}\xi^{\frac{1}{2}}+n^{-\frac{1}{4}}M^{\frac{1}{2}}h^{-\frac{1}{2}}l^{-\frac{1}{2}}\xi^{-\frac{1}{2}}+\ln\left(\dfrac{h^2}{l}+1\right)M^{-2}\right)$$

$$\ll n^{\frac{1}{4}}M^{-\frac{9}{2}}h^4l^{-\frac{1}{2}}+n^{-\frac{1}{4}}M^{\frac{1}{2}}l^{-\frac{1}{2}}+hM^{-2}\ln\left(\dfrac{h^2}{l}+1\right)$$

$$\sum\limits_{\substack{\mu\\ \mu_1-\mu\geqslant1}}\sum\limits_{\mu_1}\left|\sum\limits_{z>2M^2-\mu^2}^{\leqslant D_jU}\varphi(z)\mathrm{e}^{2\pi\mathrm{i}f(z)}\right|$$

$$\ll n^{\frac{1}{4}}M^{-\frac{9}{2}}h^5l^{-\frac{1}{2}}+n^{-\frac{1}{4}}M^{\frac{1}{2}}hl^{-\frac{1}{2}}+h^2M^{-2}\ln\left(\dfrac{h^2}{l}+1\right)$$

所以有

$$\sum\limits_{l>0}^{\leqslant g-1}\sqrt{\sum\limits_{\substack{\mu\\ \mu_1-\mu\geqslant1}}\sum\limits_{\mu_1}\left|\sum\limits_{z>2M^2-\mu^2}^{\leqslant D_jU}\varphi(z)\mathrm{e}^{2\pi\mathrm{i}f(z)}\right|}$$

$$\ll\sum\limits_{l>0}^{\leqslant Mh^{-1}}(n^{\frac{1}{8}}M^{-\frac{9}{4}}h^{\frac{5}{2}}l^{-\frac{1}{4}}+n^{-\frac{1}{8}}M^{\frac{1}{4}}h^{\frac{1}{2}}l^{-\frac{1}{4}}+$$

40

$$hM^{-1}\ln^{\frac{1}{2}}\left(\frac{h^2}{l}+1\right))$$

$$\leqslant n^{\frac{1}{8}}M^{-\frac{6}{4}}h^{\frac{7}{4}}+n^{-\frac{1}{8}}Mh^{-\frac{1}{4}}+\ln^{\frac{1}{2}}\left(\frac{h^2}{l}+1\right)\leqslant n^{\frac{9}{52}}$$

研究和

$$\sum_{\mu}\sum_{\substack{\mu_1\\ \mu_1-\mu\geqslant h\left(\frac{1}{l}\right)^{\frac{5}{3}}}}\sum_{j\geqslant 1}^{\leqslant 2l^2+l}\left|\sum_{z>2M^2-l^2h_1^2-\frac{jh_1^2}{l}}^{\leqslant 2M^2-l^2h_1^2-\frac{(j-1)h_1^2}{l}}\varphi(z)\mathrm{e}^{2\pi\mathrm{i}f(z)}\right|$$

假定 j 是 $1,2,\cdots,2l^2+l$ 中的一个数. 由不等式

$$2lh_1\xi<t\leqslant(2l+3)h_1\xi$$

就可以得到 t 只经过满足下面条件的整数

$$T_0<t\leqslant T,T_0=2h_1^2l^{-\frac{2}{3}},T=(2l+3)h_1^2$$

$$t=\mu_1^2-\mu^2,lh_1<\mu\leqslant lh_1+h_1$$

$$lh_1<\mu_1\leqslant lh_1+h_1$$

这些 t 的数值中的每一个最多被采用 $n^{\varepsilon''}$ 次,所以有

$$\sum_{\mu}\sum_{\substack{\mu_1\\ \mu_1-\mu\geqslant h\left(\frac{1}{l}\right)^{\frac{5}{3}}}}\left|\sum_{z>2M^2-l^2h_1^2-\frac{jh_1^2}{l}}^{\leqslant 2M^2-l^2h_1^2-\frac{(j-1)h_1^2}{l}}\varphi(z)\mathrm{e}^{2\pi\mathrm{i}f(z)}\right|$$

$$\ll n^{\varepsilon''}\sum_{t>T_0}^{\leqslant T}{}'\left|\sum_{z>2M^2-l^2h_1^2-\frac{jh_1^2}{l}}^{\leqslant 2M^2-l^2h_1^2-\frac{(j-1)h_1^2}{l}}\varphi(z)\mathrm{e}^{2\pi\mathrm{i}f(z)}\right|$$

这里 $\sum'$ 表示 t 经过上述所指出的界限内且能表示为

$$t=\mu_1^2-\mu^2,lh_1<\mu,\mu_1\leqslant lh_1+h$$

的全部整数,而所得到的这个和式,去掉乘数 $n^{\varepsilon''}$ 以后,
就可以分为 $\ll\ln n$ 个具有形式

$$\sum_{t>\tau}{}' \left| \sum_{z>2M^2-l^2h_1^2-\frac{jh_1^2}{l}}^{\leqslant 2M^2-l^2h_1^2-\frac{(j-1)h_1^2}{l}} \varphi(z) \mathrm{e}^{2\pi i f(z)} \right|, \frac{3}{2}\tau < \tau_1 \leqslant 2\tau$$

的和式. 对于和式 $\displaystyle\sum_{z>2M^2-l^2h_1^2-\frac{jh_1^2}{l}}^{\leqslant 2M^2-l^2h_1^2-\frac{(j-1)h_1^2}{l}} \varphi(z)\mathrm{e}^{2\pi i f(z)}$ 可以应用

引理 2. 取

$$H = M^{-2}, U = M^2, A = \frac{M^5}{\sqrt{n\tau}}$$

的时候就可以相信引理 2 的条件是满足的, 又由等式
$f'(z_{v,t}) = v$ 确定 $z_{v,t}$, 又令

$$f'(2M^2 - l^2h_1^2 - jh_1^2 l^{-1}, t) = v_1(t)$$

$$f'(2M^2 - l^2h_1^2 - (j-1)h_1^2 l^{-1}, t) = v_2(t)$$

$$\phi(v,t) = \frac{M^2}{z_{v,t}(z_{v,t}-t)\sqrt{\left((z_{v,t}-t)^{-\frac{3}{2}} - z_{v,t}^{-\frac{3}{2}}\right)\dfrac{\sqrt{n}}{4}}}$$

$$\psi(v,t) = \sqrt{n}\left(\sqrt{z_{v,t}} - \sqrt{z_{v,t}-t}\right) - v_{z_{v,t}}$$

就有

$$\sum_{z>2M^2-l^2h_1^2-\frac{jh_1^2}{l}}^{\leqslant 2M^2-l^2h_1^2-\frac{(j-1)h_1^2}{l}} \varphi(z)\mathrm{e}^{2\pi i f(z)}$$

$$\leqslant \sum_{v>v_1}^{\leqslant v_2} \frac{1+\mathrm{i}}{\sqrt{2}} \phi(v,t)\mathrm{e}^{2\pi i \psi(v,t)} + O(n^{-\frac{1}{4}}M^{\frac{1}{2}}\tau^{-\frac{1}{2}})$$

$$\sum_{t>\tau}^{\leqslant \tau_1}{}' \left| \sum_{z>2M^2-l^2h_1^2-\frac{jh_1^2}{l}}^{\leqslant 2M^2-l^2h_1^2-\frac{(j-1)h_1^2}{l}} \varphi(z)\mathrm{e}^{2\pi i f(z)} \right|$$

$$\leqslant \sum_{t>\tau}^{\leqslant \tau_1}{}' \Big| \sum_{v>v_1}^{\leqslant v_2}{}' \phi(v,t) \mathrm{e}^{2\pi \mathrm{i}\psi(v,t)} \Big| + O\Big(\sum_{t>\tau}^{\leqslant \tau_1}{}' n^{-\frac{1}{4}} M^{\frac{1}{2}} \tau^{-\frac{1}{2}} \Big)$$

但是满足条件

$$t=\mu_1^2-\mu^2, lh_1<\mu_1\leqslant lh_1+h_1$$

$$lh_1<\mu\leqslant lh_1+h_1$$

的所有 t 的个数不超过 h_1^2 个,所以就有

$$\sum_{t>\tau}^{\leqslant \tau_1}{}' n^{-\frac{1}{4}} M^{\frac{1}{2}} \tau^{-\frac{1}{2}} \ll n^{-\frac{1}{4}} M^{\frac{1}{2}} h$$

$$\Big(\sum_{t>\tau}^{\leqslant \tau_1}{}' \Big| \sum_{v>v_1}^{\leqslant v_2}{}' \phi(v,t) \mathrm{e}^{2\pi \mathrm{i}\psi(v,t)} \Big| \Big)^2$$

$$\ll h^2 \sum_{t>\tau}^{\leqslant \tau_1}{}' \Big| \sum_{v>v_1}^{\leqslant v_2}{}' \phi(v,t) \mathrm{e}^{2\pi \mathrm{i}\psi(v,t)} \Big|^2$$

$$\leqslant h^2 \sum_{t>\tau}^{\leqslant \tau_1} \Big| \sum_{v>v_1}^{\leqslant v_2}{}' \phi(v,t) \mathrm{e}^{2\pi \mathrm{i}\psi(v,t)} \Big|^2$$

关于 t 的和式可以分成 $\ll \dfrac{\tau l^2}{h^2}$ 个具有如下形式的和

$$\sum_{t>\tau_2}^{\leqslant \tau_3}{}' \Big| \sum_{v>v_1}^{\leqslant v_2}{}' \phi(v,t) \mathrm{e}^{2\pi \mathrm{i}\psi(v,t)} \Big|^2, \tau_2<\tau_3\leqslant \tau_2+\frac{h^2}{l^2}$$

容易证明,这里 $v=v_1=v_1(t)$ 和 $v=v_2=v_2(t)$ 都是 t 的递减函数. 令 $t=\omega_1(v)$ 和 $t=\omega_2(v)$ 分别表示它们的反函数,又有

$$\sum_{t>\tau_2}^{\leqslant \tau_3} \Big| \sum_{v>v_1}^{\leqslant v_2} \phi(v,t) \mathrm{e}^{2\pi \mathrm{i}\psi(v,t)} \Big|^2 \ll \sum_t \sum_{v_0} \sum_v \phi(t) \mathrm{e}^{2\pi \mathrm{i}\psi(t)}$$

这里 v_0 所经过的区间相同于 v,并且

$$\phi(t)=\phi(v_0,t)\phi(v,t), \psi(t)=\psi(v_0,t)-\psi(v,t)$$

交换和号的次序,就可以得到

$$\sum_{t}\sum_{v_0}\sum_{v}\phi(t)\mathrm{e}^{2\pi\mathrm{i}\psi(t)}\ll\sum_{v_0}\sum_{v}\mid V_{v_0,v}\mid$$

$$V_{v_0,v}=\sum_{t>t'}^{\leqslant t''}\phi(t)\mathrm{e}^{2\pi\mathrm{i}\psi(t)}$$

这里的 v_0 和 v 分别经过满足条件

$$v'<v_0\leqslant v'',v'<v\leqslant v''$$
$$v'=v_1(\tau_3),v''=v_2(\tau_2)$$

的整数,对于给定的 v_0 和 v,t' 和 t'' 则由等式

$$t'=\max(\tau_2,\omega_1(v_0),\omega_1(v))$$
$$t''=\min(\tau_3,\omega_2(v_0),\omega_2(v))$$

所确定,关于和式 $V_{v_0,v}$ 可以得到

$$\phi(t)\ll H,t''-t'\ll U$$
$$H=n^{-\frac{1}{2}}M\tau^{-1},U=h^2l^{-2}$$

又有

$$v''-v'=v_2(\tau_2)-v_1(\tau_3)$$
$$=\left[\frac{\partial}{\partial x}f(x,\tau_2)\right]_{x=2M^2-l^2h_1^2-(j-1)\frac{h_1}{l}}-$$
$$\left[\frac{\partial}{\partial x}f(x,\tau_3)\right]_{x=2M^2-l^2h_1^2-jh_1^2l^{-1}}$$
$$\ll\left(\frac{h^2}{l}\right)\left[\frac{\partial}{\partial x}\left(\frac{\partial}{\partial x}f(x,\tau)\right)\right]_{x=\beta,\tau=\theta}+$$
$$(\tau_2-\tau_3)\left[\frac{\partial}{\partial t}\left(\frac{\partial}{\partial x}f(x,t)\right)\right]_{x=\beta,t=\theta}$$
$$\ll\frac{h^2}{l^2}\sqrt{n}M^{-3}$$

这里 β 是位于 $2M^2-l^2h_1^2-j\dfrac{h_1^2}{l}$ 和 $2M^2-l^2h_1^2-$

$\dfrac{(j-1)h_1^2}{l}$ 中间的一个数,而 Q 是位于 τ_2 和 τ_3 中间的

一个数,又容易得到 $h^2\sqrt{n}M^{-3}l^{-2} \gg 1$.

和式 $\sum\limits_{v_0}\sum\limits_{v} | V_{v_0,v} |$ 中间所包含 $v_0 = v$ 部分应具有

$$\ll (v''-v')UH \ll M^{-2}\tau^{-1}l^{-4}h_1^4$$

考虑 $v_0 \neq v$ 的和式 $V_{v_0,v}$,这里可以假定 $v_0 > v$(对于 $v > v_0$ 的情形,可用相同的方法进行研究),为了方便起见,规定 $\omega = v_0 - v$,由文[1]可以得到

$$\frac{\partial^2 \psi(t)}{\partial t^2} = \frac{3}{2} \frac{(z_{v',t}^{1/2} - (z_{v',t}-t)^{1/2})\omega}{(z_{v',t}^{3/2} - (z_{v',t}-t)^{3/2})^2 ((z_{v',t}-t)^{-3/2} - z_{v',t}^{-3/2})}$$

由上式又可以得到

$$\frac{1}{A} \ll \frac{\partial^2 \psi(t)}{\partial t^2} \ll \frac{1}{A}, A = \tau^2 M^{-2}\omega^{-1}$$

再应用引理 1,就求得

$$V_{v_0,v} \ll H\left(\frac{U}{\sqrt{A}} + \sqrt{A} + \ln n\right)$$

$$\ll n^{-\frac{1}{2}}M\tau^{-1}(h^2 l^{-2}M\omega^{1/2}\tau^{-1} + \tau M^{-1}\omega^{-1/2})$$

在和式 $\sum\limits_{v_0}\sum\limits_{v} | V_{v_0,v} |$ 中,对应于 $v_0 > v$ 的部分,就应有

$$\ll (v''-v')\sum\limits_{\omega>0}^{\leqslant v''-v'} n^{-\frac{1}{2}}M\tau^{-1}(h^2 l^{-2}M\tau^{-1}\omega^{\frac{1}{2}} + \tau M^{-1}\omega^{-\frac{1}{2}})$$

$$\ll h^2 M^2 n^{-\frac{1}{2}}(l\tau)^{-2}[h^2 l^{-2}\sqrt{n}M^{-3}]^{\frac{5}{2}}$$

$$\ll n^{\frac{3}{4}}h^3 l^{-7}\left(\frac{h^2}{\tau}\right)^2 M^{-\frac{11}{2}}$$

因而得到

$$\sum_{\substack{\mu \\ \mu_1-\mu \geqslant h\left(\frac{1}{l}\right)^{\frac{5}{3}}}} \sum_{\mu_1} \Bigg| \sum_{z>2M^2-l^2h_1^2-\frac{jh_1^2}{l}}^{\leqslant 2M^2-l^2h_1^2-\frac{(j-1)h_1^2}{l}} \varphi(z)\,\mathrm{e}^{2\pi\mathrm{i}f(z)} \Bigg|$$

$$\ll \sqrt{h^2 \sum_{t>\tau}^{\leqslant \tau_1} \Bigg| \sum_{v>v_1}^{\leqslant v_2} \phi(v,t)\,\mathrm{e}^{2\pi\mathrm{i}\psi(v,t)} \Bigg|^2} + O(n^{-\frac{1}{4}}M^{\frac{1}{2}}h\ln n)$$

$$\ll \sqrt{h^2 \cdot \frac{\tau l^2}{h^2} \max_t \sum \sum_{v_0} \sum_v \phi(t)\,\mathrm{e}^{2\pi\mathrm{i}\psi(t)}} +$$

$$O(n^{-\frac{1}{4}}M^{\frac{1}{2}}h\ln n)$$

$$\ll \sqrt{\tau l^2\left(h_1^4 M^{-2} l^{-4}\tau^{-1} + n^{\frac{3}{4}}M^{-\frac{11}{2}}h^7 l^{-7}\left(\frac{h^2}{\tau^{-2}}\right)\right)} +$$

$$O(n^{-\frac{1}{4}}M^{\frac{1}{2}}h\ln n)$$

$$\ll n^{\frac{3}{8}}M^{-\frac{11}{4}}h^{\frac{5}{2}}l^{-2}\ln n + h^2 M^{-1}l^{-1}\ln n +$$

$$O(n^{-\frac{1}{4}}M^{\frac{1}{2}}h\ln n)$$

$$\sum_{\substack{\mu \\ \mu_1-\mu \geqslant h\left(\frac{1}{l}\right)^{\frac{5}{3}}}} \sum_{\mu_1} \sum_{j\geqslant 0}^{\leqslant 2l^2+l} \Bigg| \sum_{z>2M^2-l^2h_1^2-\frac{jh_1^2}{l}}^{\leqslant 2M^2-l^2h_1^2-\frac{(j-1)h_1^2}{l}} \varphi(z)\,\mathrm{e}^{2\pi\mathrm{i}f(z)} \Bigg|$$

$$\ll (n^{\frac{3}{8}}M^{-\frac{11}{4}}h^{\frac{5}{2}} + h^2 M^{-1}l + n^{-\frac{1}{4}}M^{\frac{1}{2}}hl^2)\ln n$$

所以有

$$\sum_{l\geqslant 1}^{\leqslant g-1}\ln^{\frac{1}{2}}n\sqrt{n^{\frac{3}{8}}M^{-\frac{11}{4}}h^{\frac{5}{2}} + h^2 M^{-1}l + n^{-\frac{1}{4}}M^{\frac{1}{2}}hl^2}$$

$$\ll \left(hM^{-\frac{1}{2}}\left[\frac{M}{h}\right]^{\frac{3}{2}} + n^{\frac{3}{16}}M^{-\frac{11}{8}}h^{\frac{5}{4}}\left[\frac{M}{h}\right]\right)\ln^{\frac{1}{2}}n$$

$$\ll n^{\frac{9}{52}+\varepsilon'''}$$

也就是

$$\sum_{l>0}^{\leqslant g-1} \sqrt{|G'|} \ll n^{\frac{9}{52}+\varepsilon''}$$

对于和数 G'' 可以使用研究 G' 时所用的相同方法而得到

$$\sum_{l>0}^{\leqslant g-1} \sqrt{|G''|} \ll n^{\frac{9}{52}+\varepsilon}{}^{(4)}$$

（6）研究满足条件

$$\xi = \mu_1 - \mu \leqslant h\left[\frac{h}{M}\right]^{\frac{2}{3}} l^{-\frac{5}{3}}$$

的和数 G. 假定 ξ 是 $0,1,\cdots,h\left[\dfrac{h}{M}\right]^{\frac{2}{3}} l^{-\frac{5}{3}}$ 中间的一个数,这里 $\xi = \mu_1 - \mu$ 的解的数目不超过 h 个. 当 $\xi = 0$ 时,求得

$$S \ll 1$$

而当 $\xi > 0$ 时,可以应用引理 1($H=M^{-2}, U=M^2, A=n^{-\frac{1}{2}}M^5(hl\xi)^{-1}$),就得到

$$S \ll n^{\frac{1}{4}}M^{-\frac{5}{2}}h^{\frac{1}{2}}l^{\frac{1}{2}}\xi^{\frac{1}{2}} + n^{-\frac{1}{4}}M^{\frac{1}{2}}h^{-\frac{1}{2}}l^{-\frac{1}{2}}\xi^{-\frac{1}{2}}$$

这里推导出满足条件 $\xi \leqslant h\left[\dfrac{h}{M}\right]^{\frac{2}{3}} l^{-\frac{5}{3}}$ 的和数 G 应有

$$\ll h + \sum_{\xi>0}^{\leqslant h^{\frac{5}{3}}M^{-\frac{2}{3}}l^{-\frac{5}{3}}} h(n^{\frac{1}{4}}M^{-\frac{5}{2}}h^{\frac{1}{2}}l^{\frac{1}{2}}\xi^{\frac{1}{2}} + n^{-\frac{1}{4}}M^{\frac{1}{2}}h^{-\frac{1}{2}}l^{-\frac{1}{2}}\xi^{-\frac{1}{2}})$$

$$\ll h + n^{\frac{1}{4}}M^{-\frac{7}{2}}h^4l^{-2} + n^{-\frac{1}{4}}M^{\frac{1}{2}}hl^{-1}$$

因而得到

$$\sum_{l>0}^{\leqslant g-1} \sqrt{h + n^{\frac{1}{4}}M^{-\frac{7}{2}}h^4l^{-2} + n^{-\frac{1}{4}}M^{\frac{1}{2}}hl^{-1}}$$

$$\ll Mh^{-\frac{1}{2}} + n^{\frac{1}{8}}M^{-\frac{7}{4}}h^2\ln n + n^{-\frac{1}{8}}M^{\frac{3}{4}}$$

$$\ll n^{\frac{9}{52}+\varepsilon}$$

现在研究满足条件 $\xi > h\left[\dfrac{h}{M}\right]^{\frac{2}{3}} l^{-\frac{5}{3}}$ 的和数 G. 由不等式

$$2lh_1\xi < t \leqslant (2l+3)h_1\xi$$

就得到 t 只经过满足条件

$$T_0 < t \leqslant T, T_0 = 2h_1^2 l^{-\frac{2}{3}}\left[\frac{h}{M}\right]^{\frac{2}{3}}, T = (2l+3)h_1^2$$

$$t = \mu_1^2 - \mu^2, lh_1 \leqslant \mu_1, \mu \leqslant lh_1 + h_1$$

的整数,对于每个给定的 t,最多只有 n^{ε} 个解,所以有

$$G \ll n^{\varepsilon} \sum_{t>T_0}^{\leqslant T}{}' \mid S \mid$$

这里记号 $\sum'$ 表示其中的 t 除经过所规定的区间外,尚需满足 $t = \mu_1^2 - \mu^2, lh_1 < \mu, \mu_1 \leqslant lh_1 + h_1$. 略去因子 $n^{\varepsilon''}$ 以后,就可以将这个和式分成 $\ll \ln n$ 个具有形式

$$G_1 = \sum_{t>\tau}^{\leqslant \tau_1}{}' \mid S \mid, \frac{3}{2}\tau < \tau_1 \leqslant 2\tau$$

的和式. 现在考虑其中的一个和式,对于这个和式可以应用引理 2,令

$$H = M^{-2}, U = M^2, A = \frac{M^5}{\sqrt{n\tau}}$$

可以相信该引理的条件是满足的,由等式 $f'(z_{v,t}) = v$ 确定 $z_{v,t}$,令

$$f'(D_1) = v_1, f'(D_2) = v_2$$

$$\phi(v,t) = \frac{M^2}{z_{v,t}(z_{v,t}-t)\sqrt{\sqrt{n}((z_{v,t}-t)^{-\frac{3}{2}} - z_{v,t}^{-\frac{3}{2}})/4}}$$

48

$$\psi(v,t)=\sqrt{n}\,(\sqrt{z_{v,t}}-\sqrt{z_{v,t}-t}\,)-vz_{v,t}$$

就有

$$S=\sum_{v>v_1}^{\leqslant v_2}\frac{1+\mathrm{i}}{\sqrt{2}}\phi(v,t)\mathrm{e}^{2\pi\mathrm{i}\psi(v,t)}+O(n^{-\frac{1}{4}}M^{\frac{1}{2}}\tau^{-\frac{1}{2}})$$

因而有

$$G_1\ll G_2+\sum_{t>\tau}^{\leqslant\tau_1}{}'n^{-\frac{1}{4}}M^{\frac{1}{2}}\tau^{-\frac{1}{2}}\ll G_2+hn^{-\frac{1}{4}}M^{\frac{1}{2}}$$

$$G_2=\sum_{t>\tau}^{\leqslant\tau_1}{}'\Big|\sum_{v>v_1}^{\leqslant v_2}\phi(v,t)\mathrm{e}^{2\pi\mathrm{i}\psi(v,t)}\Big|$$

考虑和数 G_2. 这个和号的上限、下限 $v=v_1=v_1(t)$
和 $v=v_2=v_2(t)$ 都是 t 的递减函数. 假定 $t=\omega_1(v)$ 和
$t=\omega_2(v)$ 分别是它们的反函数, 就得到

$$G_2^2\ll h^2\sum_{t>\tau}^{\leqslant\tau_1}{}'\Big|\sum_{v>v_1}^{\leqslant v_2}\phi(v,t)\mathrm{e}^{2\pi\mathrm{i}\psi(v,t)}\Big|^2$$

$$\ll h^2\sum_{t>\tau}^{\leqslant\tau_1}\Big|\sum_{v>v_1}^{\leqslant v_2}\phi(v,t)\mathrm{e}^{2\pi\mathrm{i}\psi(v,t)}\Big|^2$$

$$\ll h^2\sum_{t}\sum_{v_0}\sum_{v}\phi(t)\mathrm{e}^{2\pi\mathrm{i}\psi(t)}$$

在文[1] 中得到

$$\sum_{t}\sum_{v_0}\sum_{v}\phi(t)\mathrm{e}^{2\pi\mathrm{i}\psi(t)}$$
$$\ll n^{\frac{3}{4}}M^{-\frac{11}{2}}\tau^{\frac{3}{2}}+n^{\frac{1}{4}}M^{-\frac{9}{2}}\tau^{\frac{3}{2}}+M^{-2}\tau$$

因而有

$$G_2^2\ll h^2M^{-2}\tau+n^{\frac{3}{4}}M^{-\frac{11}{2}}h^2\tau^{\frac{3}{2}}$$

$$G_2 \ll hM^{-1}\tau^{\frac{1}{2}} + n^{\frac{3}{8}}M^{-\frac{11}{4}}h\tau^{\frac{3}{4}}$$

$$G_1 \ll M^{-1}\tau^{\frac{1}{2}}h + n^{\frac{3}{8}}M^{-\frac{11}{4}}h\tau^{\frac{3}{4}} + n^{-\frac{1}{4}}M^{\frac{1}{2}}h$$

$$G \ll n^{\varepsilon''}(M^{-1}\tau^{\frac{1}{2}}h + n^{\frac{3}{8}}M^{-\frac{11}{4}}h\tau^{\frac{3}{4}} + n^{-\frac{1}{4}}M^{\frac{1}{2}}h)$$

$$\ll n^{\varepsilon''}(M^{-1}h^2l^{\frac{1}{2}} + n^{\frac{3}{8}}M^{-\frac{11}{4}}h^{\frac{5}{2}}l^{\frac{3}{4}} + n^{-\frac{1}{4}}M^{\frac{1}{2}}h)$$

就得到

$$\sum_{l>0}^{\leqslant g-1}\sqrt{|G|} \ll \sum_{l>0}^{\leqslant g-1}\sqrt{n^{\varepsilon''}(M^{-1}h^2l^{\frac{1}{2}} + n^{\frac{3}{8}}M^{-\frac{11}{4}}h^{\frac{5}{2}}l^{\frac{3}{4}} + n^{-\frac{1}{4}}M^{\frac{1}{2}}h)}$$

$$\ll n^{\frac{\varepsilon''}{2}}(M^{\frac{3}{4}}h^{-\frac{1}{4}} + n^{\frac{3}{16}}h^{-\frac{1}{8}} + n^{-\frac{1}{8}}M^{\frac{5}{4}}h^{-\frac{1}{2}})$$

$$\ll n^{\frac{9}{52}}$$

（7）考虑满足条件 $l=0$ 的 Ω_l.

当 $t=0$ 时，关于 z 求和易得 $\ll 1$，和式中对应于 $t>0$ 的部分，可以应用引理 1（$H=M^{-2}, U=M^2, A=n^{-\frac{1}{2}}M^5t^{-1}$），就得到

$$\left|\sum_{z>2M^2-\mu^2}^{\leqslant 4M^2-\mu^2}\varphi(z)e^{2\pi if(z)}\right| \ll n^{\frac{1}{4}}M^{-\frac{5}{2}}t^{\frac{1}{2}} + n^{-\frac{1}{4}}M^{\frac{1}{2}}t^{-\frac{1}{2}}$$

但是 $t=0$ 的解的数目不超过 h 个，而 $t=r$，当 $r>0$ 时解的数目不超过 $n^{\varepsilon''}$，现在先考虑 Ω_0 中满足 $t\leqslant h^2\left[\dfrac{h}{M}\right]^{\frac{2}{3}}$ 的部分应有

$$\ll h + n^{\varepsilon''}\sum_{\tau>0}^{\leqslant h^2\left[\frac{h}{M}\right]^{\frac{2}{3}}}(n^{\frac{1}{4}}M^{-\frac{5}{2}}r^{\frac{1}{2}} + n^{-\frac{1}{4}}M^{\frac{1}{2}}r^{-\frac{1}{2}})$$

$$\ll h + n^{\frac{1}{4}}M^{-\frac{7}{2}}h^4 + n^{-\frac{1}{4}}hM^{\frac{1}{2}} \ll n^{\frac{18}{52}}$$

所以有

$$\Omega_0^2 \ll h + n^{\frac{1}{4}} M^{-\frac{7}{2}} h^4 + n^{-\frac{1}{4}} M^{\frac{1}{2}} h +$$

$$\sum_{\mu} \sum_{\mu_1} \Big| \sum_{z>2M^2}^{\leqslant 4M^2} \varphi(z) \mathrm{e}^{2\pi \mathrm{i} f(z)} \Big| +$$
$$\scriptstyle t=\mu_1^2-\mu^2 \geqslant h^2 \left[\frac{h}{M}\right]^{\frac{2}{3}}$$

$$\sum_{\mu} \sum_{\mu_1} \Big\{ \Big| \sum_{z>2M^2-\mu^2}^{\leqslant 2M^2} \varphi(z) \mathrm{e}^{2\pi \mathrm{i} f(z)} \Big| +$$
$$\scriptstyle t=\mu_1^2-\mu^2 \geqslant h^2 \left[\frac{h}{M}\right]^{\frac{2}{3}}$$

$$\Big| \sum_{z>4M^2-\mu^2}^{\leqslant 4M^2} \varphi(z) \mathrm{e}^{2\pi \mathrm{i} f(z)} \Big| \Big\}$$

相似于考虑当 $l > 0$ 时的和数

$$\sum_{\mu} \sum_{\mu_1} \Big| \sum_{z>2M^2}^{\leqslant 4M^2} \varphi(z) \mathrm{e}^{2\pi \mathrm{i} f(z)} \Big|$$
$$\scriptstyle t=\mu_1^2-\mu^2 \geqslant h^2 \left[\frac{h}{M}\right]^{\frac{2}{3}}$$

的方法,可以得到

$$\sum_{\mu} \sum_{\mu_1} \Big| \sum_{z>2M^2}^{\leqslant 4M^2} \varphi(z) \mathrm{e}^{2\pi \mathrm{i} f(z)} \Big| \ll n^{\frac{18}{52}}$$
$$\scriptstyle t \geqslant h^2 \left[\frac{h}{M}\right]^{\frac{2}{3}}$$

现在考虑和数

$$\sum_{\mu} \sum_{\mu_1} \Big\{ \Big| \sum_{z>2M^2-\mu^2}^{\leqslant 2M^2} \varphi(z) \mathrm{e}^{2\pi \mathrm{i} f(z)} \Big| + \Big| \sum_{z>4M^2-\mu^2}^{\leqslant 4M^2} \varphi(z) \mathrm{e}^{2\pi \mathrm{i} f(z)} \Big| \Big\}$$
$$\scriptstyle t=\mu_1^2-\mu^2 \geqslant h^2 \left[\frac{h}{M}\right]^{\frac{2}{3}}$$

应用引理 1,取 $(H = M^{-2}, U = h^2, A = n^{-\frac{1}{2}} M^5 t^{-1})$,就
得到

$$\Big| \sum_{z>2M^2-\mu^2}^{\leqslant 2M^2} \varphi(z) \mathrm{e}^{2\pi \mathrm{i} f(z)} \Big| + \Big| \sum_{z>4M^2-\mu^2}^{\leqslant 4M^2} \varphi(z) \mathrm{e}^{2\pi \mathrm{i} f(z)} \Big|$$

$$\ll n^{\frac{1}{4}} M^{-\frac{9}{2}} h^2 t^{\frac{1}{2}} + n^{-\frac{1}{4}} M^{\frac{1}{2}} t^{-\frac{1}{2}}$$

当 $\mu_1^2 - \mu^2 = t > 0$ 时最多只有 n^ε 个解,所以有

$$\sum_{\substack{\mu \\ t \geqslant h^2 \left[\frac{h}{M}\right]^{\frac{2}{3}}}} \sum_{\mu_1} \left\{ \left| \sum_{z > 2M^2 - \mu^2}^{\leqslant 2M^2} \varphi(z) e^{2\pi i f(z)} \right| + \left| \sum_{z > 4M^2 - \mu^2}^{\leqslant 4M^2} \varphi(z) e^{2\pi i f(z)} \right| \right\}$$

$$\ll \sum_{t > 0}^{\leqslant h^2} (n^{\frac{1}{4}} M^{-\frac{9}{2}} h^2 t^{\frac{1}{2}} + n^{-\frac{1}{4}} M^{\frac{1}{2}} t^{-\frac{1}{2}})$$

$$\ll n^{\frac{1}{4}} M^{-\frac{9}{2}} h^5 + n^{-\frac{1}{4}} M^{\frac{1}{2}} h \ll n^{\frac{18}{52}}$$

所以得到

$$\Omega_0 \ll n^{\frac{9}{52}}$$

由上面所证明的各部分结果,综合得到

$$\Omega \ll n^{\frac{9}{52} + \varepsilon''}, U_M \ll n^{\frac{35}{52} + \varepsilon''} M z_m$$

当 $m \ll \frac{1}{\Delta}$ 时,得到

$$U_M \ll n^{\frac{35}{52} + \varepsilon_1}$$

而当 $m \gg \frac{1}{\Delta}$ 时,得到

$$U_M \ll \frac{n^{\frac{35}{52} + \varepsilon_1}}{\Delta^s m^s} \ll n^{\frac{35}{52} + \varepsilon_1}$$

所以我们的结果就得到证明了.

参考文献

[1] ВИНОГРАДОВ И М. К вопросу о числе целых точек в Заданной обпдсти[J]. Изеесмпя Ак. Наук СССР,сер. Маме м,1960(24):777-786.

［2］ ВИНОГРАДОВ И М. Улучшение асимпотоических формул для челых точек в обпасти трех измерений［J］. Изеесмпя Ак. Наук СССР,сер. Маме м. ,1955(19):3-10.

［3］ ВИНОГРАДОВ И М. Метод тригонометрических сумм в теории чисел［М］. Труды Матем. ин-та им. В. А. Стекпова Ак. Наук. СССР,Т. ⅩⅩⅩⅢ,1947.

圆内整点问题[①]

用 $R(t)$ 表示圆 $x^2+y^2=t$ 的内部及圆周上的整点的数目,很容易证明当 $t \to \infty$ 时 $R(t) \sim \pi t$,实际上我们有

$$R(t)=\pi t+O(t^a) \qquad (1)$$

这里 α 代表某个小于 1 的数,我们的问题就是去寻求使得式(1)成立的 α 的下界 ϑ. 到现在为止,最好的结果是华罗庚在 1942 年得到的 $\vartheta \leqslant \dfrac{13}{40}$. 尹文霖曾在文[4]中从事于这方面的工作,但是他的证明是错的,中国科学院数学研究所的陈景润院士在 1963 年指出了他的错误,并使用文[1]和文[3]的方法来处理圆内整点问题,并得到 $\vartheta \leqslant \dfrac{12}{37}+\varepsilon$,这里 ε 是任一给定的正数.

① 选自《数学学报》.1963 年第 13 卷第 2 期.

关于文[4]中的错误:在文[4]中所得到的

$$D = 2^3 \cdot 3^3 (u^2 + v^2)^2 u^2 v^2 (2u^8 + 8u^6 v^2 + 13u^4 v^4 + 8u^2 v^6 + 2v^8)$$

是错误的,实际上应该有 $D = 0$,因此该文的证明是错的.该文中对于 H 的处理也存在错误,现在我们来证明 $D = 0$. 由于[4]

$$\phi_u = (u^2 + v^2)^{-\frac{7}{2}} \{ X(12u^2 v^2 - 3v^4) + Y(-6u^3 v + 9uv^3) + Z(2u^4 - 11u^2 v^2 + 2v^4) + W(9u^3 v - 6uv^3) \}$$

这里

$$X = m_1 m_2 m_3 , Y = \sum m_1 m_2 n_3$$
$$Z = \sum m_1 n_2 n_3 , W = n_1 n_2 n_3$$

而得到

$$\phi_{uu} = (u^2 + v^2)^{-\frac{9}{2}} \{ (-60u^3 v^2 + 45uv^4)X + (24u^4 v - 72u^2 v^3 + 9v^5)Y + (-6u^5 + 63u^3 v^2 - 36uv^4)Z + (-36u^4 v + 63u^2 v^3 - 6v^5)W \}$$

因此有

$$D = \begin{vmatrix} -60u^2 v^2 + 45v^4 & 24u^4 - 72u^2 v^2 + 9v^4 \\ -6u^4 + 63u^2 v^2 - 36v^4 & -36u^4 + 63u^2 v^2 - 6v^4 \\ 12u^2 v^2 - 3v^4 & -6u^4 + 9u^2 v^2 \\ -6u^2 v^2 + 9v^4 & 2u^4 - 11u^2 v^2 + 2v^4 \\ -6u^4 + 63u^2 v^2 - 36v^4 & -36u^4 + 63u^2 v^2 - 6v^4 \\ 9u^4 - 72u^2 v^2 + 24v^4 & 45u^4 - 60u^2 v^2 \\ 2u^4 - 11u^2 v^2 + 2v^4 & 9u^4 - 6u^2 v^2 \\ 9u^2 v^2 - 6u^4 & -3u^4 + 12u^2 v^2 \end{vmatrix}$$

在行列式中将第二行加于第一行,将第四行加于第三行,第四列取出公因子 3 得到

$$D = \begin{vmatrix} -6u^2 + 9v^2 & -12u^2 + 3v^2 & 3u^2 - 12v^2 & 3u^2 - 2v^2 \\ -6u^4 + 63u^2v^2 - 36v^4 & -36u^4 + 63u^2v^2 - 6v^4 & 9u^4 - 72u^2v^2 + 24v^4 & 15u^4 - 20u^2v^2 \\ 6v^2 & -4u^2 + 2v^2 & 2u^2 - 4v^2 & 2u^2 \\ -6u^2v^2 + 9v^4 & 2u^4 - 11u^2v^2 + 2v^4 & 9u^2v^2 - 6v^4 & -u^4 + 4u^2v^2 \end{vmatrix} \cdot 3(u^2 + v^2)^2$$

将(－1)乘第一列加于第二列,将 2 倍第四列加于第二列,又将 $\frac{2}{3}$ 倍第一列加于第三列,将(－3)倍第四列加于第三列得到

$$D = 3(u^2 + v^2)^2 \begin{vmatrix} 3(-2u^2 + 3v^2) & -10v^2 & -10u^2 & 3u^2 - 3v^2 \\ -6u^4 + 63u^2v^2 - 36v^4 & -40u^2v^2 + 30v^4 & -40u^4 + 30u^2v^2 & 15u^4 - 20u^2v^2 \\ 6v^2 & -4v^2 & -4u^2 & 2u^2 \\ -6u^2v^2 + 9v^4 & 3u^2v^2 - 7v^4 & 3u^4 - 7u^2v^2 & -u^4 + 4u^2v^2 \end{vmatrix}$$

在上式第二列中取出公因子 v^2,而在第三列中取出公因子 u^2,即得第二列和第三列完全相同,故 $D = 0$.

我们令

$$\Delta f(x,y) = f(x+m_1+m_2+m_3, y+n_1+n_2+n_3) -$$

$$\sum f(x+m_1+m_2, y+n_1+n_2) +$$

$$\sum f(x+m_1, y+n_1) - f(x,y)$$

又令

$$G(x,y) = \Delta(\sqrt{x^2+y^2}), X = 6m_1m_2m_3, Y = 2\sum m_1m_2n_3$$

$$Z = 2\sum m_1n_2n_3, W = 6n_1n_2n_3$$

这里 m_i 为大于或等于 1 的整数，而 n_i 为整数，$\max(x, y) \geqslant L, m_i = O(\eta), n_i = O(\eta)$. 由文[1]有

$$G_{xx}G_{yy} - G_{xy}^2 = -\frac{3}{4(x^2+y^2)^7}Q(X,Y,Z,W) +$$

$$O\left(\frac{(X^2+Y^2+Z^2+W^2)\eta}{L^9}\right)$$

这里

$$Q(X,Y,Z,W) = (8x^4 + 6x^2y^2 + 3y^4)y^2X^2 +$$

$$3(4x^6 + 4x^4y^2 + 21x^2y^4 + 6y^6)Y^2 +$$

$$3(6x^6 + 21x^4y^2 + 4x^2y^4 + 4y^6)Z^2 +$$

$$(3x^4 + 6x^2y^2 + 8y^4)x^2W^2 -$$

$$2xy(8x^4 - 4x^2y^2 + 3y^4)XY -$$

$$2xy(3x^4 - 4x^2y^2 + 8y^4)ZW -$$

$$2(2x^6 + 20x^4y^2 + 9x^2y^4 +$$

$$6y^6)XZ - 2(6x^6 + 9x^4y^2 +$$

$$20x^2y^4 + 2y^6)YW + 2(4x^4 +$$

$$3x^2y^2 + 4y^4)xyXW -$$

$$90x^3y^3YZ$$

现在我们要证明下面的三个引理.

引理 1 当 $x \geqslant y$ 时，我们有

$$Q(X,Y,Z,W) \geqslant 10^{-5}\{x^4(yX-xY)^2 + x^2y^2(yY-xZ)^2 + x^4(yZ-xW)^2\}$$

证 首先，我们证明

$$Y^2 \geqslant XZ, \quad Z^2 \geqslant YW$$

由于

$$Y^2 = 4\big[2m_1m_2m_3(m_1n_2n_3 + m_2n_1n_3 + m_3n_1n_2) +$$

$$\frac{1}{2}(m_1m_2n_3 - m_1m_3n_2)^2 + \frac{1}{2}(m_1m_3n_2 - m_2m_3n_1)^2 +$$

$$\frac{1}{2}(m_1m_2n_3 - m_2m_3n_1)^2 + m_1^2 m_2 m_3 n_2 n_3 +$$

$$m_1 m_2^2 m_3 n_1 n_3 + m_1 m_3^2 m_2 n_1 n_2\big]$$

$$= XZ + \frac{1}{2}(m_1m_2n_3 - m_1m_3n_2)^2 +$$

$$\frac{1}{2}(m_1m_2n_3 - m_2m_3n_1)^2 +$$

$$\frac{1}{2}(m_1m_3n_2 - m_2m_3n_1)^2$$

同样的，我们可以证明 $Z^2 \geqslant YW$.

(1) 设 $yX - xY = \alpha xY$，且 $|\alpha| \leqslant \frac{1}{2}$. 令

$$Q_1(X,Y,Z,W) = (8x^4 - 4x^2y^2 + 3y^4)(yX-xY)^2 +$$

$$(3x^4 - 4x^2y^2 + 8y^4)(yZ -$$

$$xW)^2 + 42x^2y^2(yY-xZ)^2 +$$

$$10x^2(y^2X - x^2Z)^2 + 6y^2(y^2Y -$$

$$x^2W)^2 + (9x^4y^2 + 8x^2y^4 +$$

$$4y^6)(Z^2 - YW) + (4x^6 + 12x^4y^2 +$$

$$12x^2y^4 + 4y^6)(Y^2 - XZ)$$

则有

$$Q(X,Y,Z,W) = Q_1(X,Y,Z,W) +$$

$$\{4x^4y^2W^2 - 8x^2y^4YW +$$

$$8x^2y^4Z^2 + 8y^6(Y^2 - XZ) -$$

$$12x^2y^4YW + 8xy^5XW\} +$$

$$\{-6x^3y^3YZ + 9x^4y^2Z^2 - 9x^4y^2YW +$$

$$6x^3y^3XW + 6x^2y^4(Y^2 - XZ)\} +$$

$$\{4x^4y^2Y^2 - 8x^4y^2XZ +$$

$$8x^6Z^2 - 12x^6YW + 8x^5yXW\}$$

$$= Q_1(X,Y,Z,W) + \{4y^2(x^2W - y^2Y)^2 +$$

$$[(4+8\alpha)+(4-8\alpha)]x^2y^4Z^2 +$$

$$4y^6Y^2 - 8y^6XZ - (4-8\alpha)x^2y^4YW\} +$$

$$\{3x^2y^2(yY - xZ)^2 +$$

$$[(3+6\alpha)+(3-6\alpha)]x^4y^2Z^2 - (3 -$$

$$6\alpha)x^4y^2YW + 3x^2y^4Y^2 - 6x^2y^4XZ\} +$$

$$\{4x^4y^2Y^2 - 8x^4y^2XZ +$$

$$[(4+8\alpha)+(4-8\alpha)]x^6Z^2 - (4 -$$

$$8\alpha)x^6YW\}$$

$$\geqslant Q_1(X,Y,Z,W) + \{4y^6Y^2 + (4 +$$

$$8\alpha)x^2y^4Z^2 - 8y^6XZ\} + \{3x^2y^4Y^2 +$$

$$(3+6\alpha)x^4y^2Z^2 - 6x^2y^4XZ\} +$$

$$\{4x^4y^2Y^2 + (4+8\alpha)x^6Z^2 -$$

$$8x^4y^2XZ\} \qquad\qquad (2)$$

由于 $yX - xY = \alpha xY$，$|\alpha| \leqslant \dfrac{1}{2}$. 再设 $xZ - yY = \beta\alpha(xZ)$. 因此我们有

$$y^2 X = (1+\alpha)(1-\beta\alpha)x^2 Z$$

$$(y^2 X - x^2 Z)^2 = \alpha^2 (1-\beta\alpha-\beta)^2 x^4 Z^2$$

$$Y^2 = \frac{1-\beta\alpha}{1+\alpha}XZ \qquad (3)$$

$$Y^2 - XZ = \frac{-\alpha-\beta\alpha}{1+\alpha}XZ \qquad (4)$$

这里不妨假定 $Z > 1$，否则由式(2)显见我们的引理 1 在 $|\alpha| \leqslant \frac{1}{2}$ 时是成立的.

(1a) 若 $|\beta| \geqslant 1$，则有 $x^2 y^2 (xZ-yY)^2 \geqslant \alpha^2 x^4 y^2 Z^2$；

(1b) 若 $|\beta| < 1$，则由式(4)显见 α 不能为正，否则 $Y^2 - XZ < 0$；

(1c) 若 $-\frac{1}{2} \leqslant \alpha \leqslant 0$ 而 $\beta \geqslant 0$，则 $Y^2 - XZ \geqslant -\frac{\alpha}{1+\alpha}XZ$；

(1d) 若 $-\frac{1}{2} \leqslant \alpha \leqslant 0$, $-\frac{1}{2} \leqslant \beta \leqslant 0$，则

$$(y^2 X - x^2 Z)^2 \geqslant \alpha^2 x^4 Z^2$$

$$Y^2 - XZ \geqslant -\frac{\alpha}{2(1+\alpha)}XZ$$

若 $-\frac{1}{2} \leqslant \alpha \leqslant 0$, $\beta \leqslant -\frac{1}{2}$，则

$$(y^2 X - x^2 Z)^2 x^2 \geqslant \frac{25}{16}\alpha^2 x^6 Z^2$$

(1A) 当 $\frac{1}{2} \geqslant \alpha \geqslant 0$ 时(下面各式常用到 $x \geqslant y$)，则有

$$\{4y^6 Y^2 + (4+8\alpha)x^2 y^4 Z^2 - 8y^6 XZ\} +$$

60

$$\{3x^2y^4Y^2+(3+6\alpha)x^4y^2Z^2-6x^2y^4XZ\}+$$

$$7x^2y^2(yY-xZ)^2$$

$$\geqslant\{4y^6Y^2+(4+8\alpha+4\alpha^2)x^2y^4Z^2-8y^6XZ\}+$$

$$\{3x^2y^4Y^2+(3+6\alpha+3\alpha^2)x^4y^2Z^2-6x^2y^4XZ\}$$

$$\geqslant\left\{4\frac{y^8}{x^2}\frac{X^2}{(1+\alpha)^2}-8y^6XZ+4(1+\alpha)^2x^2y^4Z^2\right\}+$$

$$\left\{3\frac{y^6}{(1+\alpha)^2}X^2-6x^2y^4XZ+3(1+\alpha)^2x^4y^2Z^2\right\}$$

$$\geqslant 0$$

$$\{4x^4y^2Y^2+(4+8\alpha)x^6Z^2-8x^4y^2XZ\}+$$

$$6x^4(yX-xY)^2$$

$$\geqslant(4+6\alpha^2)x^4y^2Y^2+(4+8\alpha)x^6Z^2-8x^4y^2XZ$$

$$=\frac{(4+6\alpha^2)}{(1+\alpha)^2}x^2y^4X^2-8x^4y^2XZ+(4+8\alpha)x^6Z^2$$

$$\geqslant 0$$

(1B) 若 $-\dfrac{1}{2}\leqslant\alpha\leqslant 0,\beta\geqslant 0$, 则有

$$\{4y^6Y^2+(4+8\alpha)x^2y^4Z^2-8y^6XZ\}+$$

$$\{3x^2y^4Y^2+(3+6\alpha)x^4y^2Z^2-6x^2y^4XZ\}+$$

$$\{4x^4y^2Y^2+(4+8\alpha)x^6Z^2-8x^4y^2XZ\}+$$

$$(8y^6+6x^2y^4+8x^4y^2)(Y^2-XZ)$$

$$\geqslant\left\{4\frac{y^8}{x^2(1+\alpha)^2}X^2+(4+8\alpha)x^2y^4Z^2-\right.$$

$$\left.8\left(1+\frac{\alpha}{1+\alpha}\right)y^6XZ\right\}+\left\{3y^6\frac{X^2}{(1+\alpha)^2}-\right.$$

$$\left.6\left(1+\frac{\alpha}{1+\alpha}\right)x^2y^4XZ+(3+6\alpha)x^4y^2Z^2\right\}+$$

$$\left\{4x^2y^4\frac{X^2}{(1+\alpha)^2}-8\left(1+\frac{\alpha}{1+\alpha}\right)x^4y^2XZ+(4+8\alpha)x^6Z^2\right\}$$

$\geqslant 0$

(1C) 若 $-\dfrac{1}{2}\leqslant\alpha\leqslant 0,\beta\leqslant 0$，则有

$$\{4y^6Y^2+(4+8\alpha)x^2y^4Z^2-8y^6XZ\}+$$
$$4x^2(y^2X-x^2Z)^2+\{3x^2y^4Y^2-$$
$$6x^2y^4XZ+(3+6\alpha)x^4y^2Z^2\}+$$
$$3x^2(y^2X-x^2Z)^2$$

$$\geqslant\left\{4\frac{y^8}{x^2(1+\alpha)^2}X^2+4(1+\alpha)^2x^2y^4Z^2-8y^6XZ\right\}+$$
$$\left\{3y^6\frac{X^2}{(1+\alpha)^2}-6x^2y^4XZ+3(1+\alpha)^2x^4y^2Z^2\right\}$$

$\geqslant 0$

若 $-\dfrac{1}{2}\leqslant\beta\leqslant 0$，则有

$$\{4x^4y^2Y^2+(4+8\alpha)x^6Z^2-8x^4y^2XZ\}+$$
$$(4x^6+12x^4y^2)(Y^2-XZ)$$

$$\geqslant 4x^2y^4\frac{X^2}{(1+\alpha)^2}-8\left(1+\frac{\alpha}{1+\alpha}\right)x^4y^2XZ+$$
$$(4+8\alpha)x^6Z^2$$

$\geqslant 0$

若 $\beta\leqslant-\dfrac{1}{2}$，则有

$$\{4x^4y^2Y^2+(4+8\alpha)x^6Z^2-8x^4y^2XZ\}+$$
$$3x^2(y^2X-x^2Z)^2$$

$$\geqslant 4x^2y^4\frac{X^2}{(1+\alpha)^2}-8x^4y^2XZ+$$
$$\left(4+8\alpha+\frac{75}{16}\alpha^2\right)x^6Z^2\geqslant 0$$

故当 $-\dfrac{1}{2} \leqslant \alpha \leqslant \dfrac{1}{2}$ 时,我们的引理 1 得证.

(2) 设 $yX - xY = \alpha x Y$,且 $\alpha \geqslant \dfrac{1}{2}$,则 y 不可能为负,否则将有正数等于负数.

(2a) 若 $W \geqslant 0$,则有

$$
\begin{aligned}
Q(X,Y,Z,W) =\ & \{10x^2 y^4 X^2 + 18x^6 Z^2 - 26x^4 y^2 XZ\} + \\
& \{(Y^2 - XZ)(4x^6 + 14x^4 y^2 + \\
& 18x^2 y^4 + 12y^6) + (8x^4 - \\
& 4x^2 y^2 + 3y^4)(yX - xY)^2 + \\
& 45x^2 y^2 (yY - xZ)^2 + (2x^4 y^2 - \\
& 3x^2 y^4 + 4y^6)Y^2 + (3x^4 - \\
& 4x^2 y^2 + 8y^4)(yZ - xW)^2\} + \\
& \{(15x^4 y^2 + 16x^2 y^4 + 4y^6)Z^2 - \\
& (9x^4 y^2 + 22x^2 y^4 + 4y^6)YW\} + \\
& \{2y^6 Y^2 + 10x^4 y^2 W^2 - 6x^2 y^4 YW\} + \\
& \left\{(8x^5 + 6x^3 y^2 + 8xy^4)W\left(yX - \dfrac{3}{2}xY\right)\right\}
\end{aligned}
$$

故由 $yX \geqslant \dfrac{3}{2} xY$,显见引理 1 成立.

(2b) 若 $W < 0$,则有

$$
\begin{aligned}
Q(X,Y,Z,W) =\ & \{(1.5x^4 - 4x^2 y^2 + 3y^4)(yX - xY)^2 + \\
& 6y^6 Y^2 + 10x^2 y^4 Z^2 + 12y^6 Z^2 + \\
& 45x^2 y^2 (yY - xZ)^2 + (2x^2 y^4 X^2 - \\
& 3x^2 y^4 XZ + 2x^2 y^4 Z^2) + (4x^6 + \\
& 16x^4 y^2 + 15x^2 y^4 + 12y^6)(Y^2 - XZ)\} + \\
& \{6.5x^4 (yX - xY)^2 + 2.5x^6 \mid W \mid^2 +
\end{aligned}
$$

$$12x^6 Y \mid W \mid -8x^5 yX \mid W \mid \} + \{(0.5x^6 +$$
$$6x^4 y^2 + 8x^2 y^4)W^2 + (8x^2 y^4 X^2 -$$
$$24x^4 y^2 XZ + 18x^6 Z^2) + 18x^4 y^2 Z^2 +$$
$$(18x^4 y^2 + 40x^2 y^4 + 4y^6)Y \mid W \mid -$$
$$(6x^3 y^2 + 8xy^4)yX \mid W \mid -2xy(3x^4 -$$
$$4x^2 y^2 + 8y^4)ZW\}$$

又,我们有

$$6.5x^4(yX - xY)^2 + 2.5x^6 \mid W \mid^2 +$$
$$12x^6 Y \mid W \mid -8x^5 yX \mid W \mid$$

$$= 6.5x^4 y^2 \frac{\alpha^2}{(1+\alpha)^2}X^2 -$$

$$\frac{8\alpha - 4}{1+\alpha}x^5 y \mid W \mid X + 2.5x^6 \mid W \mid^2$$

$$\geqslant 0$$

($2b_1$) 当 $W \leqslant 0, Z \geqslant 0$ 时,有 $-ZW \geqslant 0$,故设 $\alpha \leqslant$
2. 显见引理 1 成立.

若 $\alpha \geqslant 2$,则
$$3x^2 y^4 X^2 \geqslant 3x^2 y^2(9x^2 Y^2) \geqslant 27x^4 y^2 XZ$$

而
$$5x^2 y^4 X^2 + (6x^4 y^2 + 8x^2 y^4)W^2 -$$
$$(6x^3 y^2 + 8xy^4)X \mid W \mid y \geqslant 0$$

故引理 1 也成立.

($2b_2$) 当 $W \leqslant 0, Z \leqslant 0$ 时,有 $-XZ \geqslant 0$,由
$$8x^2 y^4 X^2 + (5x^4 y^2 + 3x^2 y^4)W^2 -$$
$$(6x^3 y^2 + 8xy^4)yX \mid W \mid \geqslant 0$$
$$(x^4 y^2 + 5x^2 y^4)W^2 + (10x^6 + 18x^4 y^2)Z^2 -$$
$$2xy(3x^4 + 8y^4)ZW \geqslant 0$$

故引理 1 也成立.

（3）当 $yX - xY = \alpha xY$，且 $-1 < \alpha \leqslant -\dfrac{1}{2}$ 时，当然

这里 Y 不可能为负.

（3a）假定 $W \geqslant 0, Z \geqslant 0$，则有 $xy = \dfrac{yX}{1+\alpha} \geqslant 2yX$.

（$3a_1$）设 $3yX \geqslant xY \geqslant 2yX$，则有

$$
\begin{aligned}
Q(X,Y,Z,W) = & \{(1.5x^4 - 4x^2y^2 + 3y^4)(yX - xY)^2 + \\
& 4x^6(Y^2 - XZ) + (3x^4 - 4x^2y^2 + \\
& 8y^4)(yZ - xW)^2 + 45x^2y^2(yY - xZ)^2\} + \\
& \left\{2(4x^4 + 3x^2y^2 + 4y^4)xW\left(yX - \frac{1}{3}xY\right) + \right. \\
& \left(9\frac{1}{3}x^6 + 9x^4y^2 + 16x^2y^4 + 4y^6\right) \cdot \\
& \left.(Z^2 - YW)\right\} + \left\{6.5x^4(yX - \right. \\
& xY)^2 + 10x^2y^4X^2 + 9x^4y^2Y^2 + \\
& \left.8\frac{2}{3}x^6Z^2 - 40x^4y^2XZ\right\} + \\
& \{7x^4y^2Y^2 - 7x^4y^2YW + 2x^4y^2W^2\} + \\
& \{15x^2y^4Y^2 - 18x^2y^4XZ + 3x^4y^2Z^2\} + \\
& \{3.5y^6Y^2 - 12y^6XZ + 3x^4y^2Z^2\} + \\
& \left\{14.5y^6Y^2 + 8x^4y^2W^2 - 21\frac{1}{3}x^2y^4YW\right\}
\end{aligned}
$$

$$\tag{5}$$

利用 $yX \geqslant \dfrac{1}{3}xY$ 及 $x^2Y^2 \geqslant 4y^2X^2$ 就显见我们的引理

1 成立.

（3a$_2$）设 $xY \geqslant 3yX$，则有

$$Q(X,Y,Z,W) = \{(1.5x^4 - 4x^2y^2 + 3y^4)(yX - xY)^2 +$$
$$(12x^6 + 10x^4y^2 + 16x^2y^4 + 4y^6) \cdot$$
$$(Z^2 - YW) + (3x^4 - 4x^2y^2 + 8y^4)(yZ -$$
$$xW)^2 + 45x^2y^2(yY - xZ)^2 +$$
$$4x^6(Y^2 - XZ)\} + \{6.5x^4(yX - xY)^2 +$$
$$10x^2y^4X^2 + 6x^4y^2Y^2 -$$
$$40x^4y^2XZ + 6x^6Z^2\} + \{15x^2y^4Y^2 +$$
$$5x^4y^2Z^2 - 18x^2y^4XZ - 12y^6XZ\} +$$
$$\{2(4x^4 + 3x^2y^2 + 4y^4)xyXW\} +$$
$$\{18y^6Y^2 + 8x^4y^2W^2 - 24x^2y^4YW\} +$$
$$\{10x^4y^2Y^2 - 8x^4y^2YW + 2x^4y^2W^2\}$$

再利用 $(xY)^2 \geqslant 9y^2X^2$ 就显见引理 1 成立.

（3b）当 $Y \geqslant 0, W \geqslant 0, Z \leqslant 0$ 时，负项只有 $-XY$，$-YW$，利用 $Z^2 \geqslant YW$，又因为 $-ZW \geqslant 0$，即证得引理 1 成立.

（3c）当 $W \leqslant 0$ 时，因为 $Y \geqslant 0$，由 $Q(X,Y,Z,W)$ 的等式（5），再利用

$$\left\{2(4x^4 + 3x^2y^2 + 4y^4)xW\left(yX - \frac{1}{3}xY\right) + \right.$$
$$\left.\left(9\frac{1}{3}x^6 + 9x^4y^2 + 16x^2y^4 + 4y^6\right)(Z^2 - YW)\right\}$$
$$\geqslant 2(4x^4 + 3x^2y^2 + 4y^4)(xY - yX)x \mid W \mid$$
$$\geqslant 0$$

及

$$x^2Y^2 \geqslant 4y^2X^2, xY \geqslant 2yX$$

即证得引理 1.

（4）$\alpha = -1$，此时 $X = 0$，由文[1]，显见引理 1 成立.

（5）$\alpha < -1$，则 Y 一定是负的.

（5a）设 W 为正，则 $-XY$，$-YW$，XW 都是正的，利用前面同样的方法，显见引理 1 成立.

（5b）设 $W \leqslant 0$，$Z \leqslant 0$，由于 $Y \leqslant 0$，则

$$
\begin{aligned}
Q(X,Y,Z,W) = &\, 2xy(8x^4 - 4x^2y^2 + 3y^4)X \mid Y \mid + \\
& (0.5x^4 - 4x^2y^2 + 8y^4)(yZ - xW)^2 + \\
& \{(4x^6Y^2 + 4y^6Z^2 - 8x^3y^3YZ) + \\
& [(4x^6 + 12x^4y^2)Y^2 + 16x^2y^4Z^2 - \\
& 32x^3y^3YZ] + (63x^2y^4Y^2 + \\
& 10x^4y^2Z^2 - 50x^3y^3YZ)\} + \\
& \{(18x^6 + 50x^4y^2)Z^2 - (12x^6 + \\
& 18x^4y^2 + 38x^2y^4)YW\} + \\
& \{(3x^6 + 6y^6)Y^2 - (2x^2y^4 + 4y^6)YW + \\
& x^4y^2W^2\} + \{(6x^2y^2 + 3y^4)y^2X^2 + \\
& 9x^4y^2W^2 - 2(3x^2y^2 + 4y^4)xyX \mid W \mid\} + \\
& \{(18x^2y^4 + 12y^6)X \mid Z \mid + 0.001x^4y^2X^2 + \\
& x^6Y^2 + 12y^6Y^2\} + \{2.5x^4(yZ - \\
& xW)^2 + (4x^6 + 40x^4y^2)X \mid Z \mid + \\
& 7.999x^4y^2X^2 - 8x^5yX \mid W \mid\}
\end{aligned}
$$

设 $x \mid W \mid - y \mid Z \mid = \beta y \mid Z \mid$，若 $\beta \leqslant 4.5$，则

$$(4x^6 + 40x^4y^2)X \mid Z \mid \geqslant 8x^5yX \mid W \mid$$

显见引理 1 成立.

设 $x \mid W \mid - y \mid Z \mid = \beta y \mid Z \mid$，若 $4.5 \leqslant \beta \leqslant 9$，则

$$7.999x^4y^2X^2 + 2.5x^4(yZ - xW)^2 + $$

$$(4x^6 + 40x^4 y^2)X \mid Z \mid -8x^5 yX \mid W \mid$$

$$\geqslant 7.999x^4 y^2 X^2 + 2.5x^6 \frac{\beta^2 W^2}{(1+\beta)^2} -$$

$$\left(8 - \frac{44}{1+\beta}\right)x^5 yX \mid W \mid$$

$$> 7.999x^4 y^2 X^2 + 2.5x^6 \left(\frac{4.5}{5.5}\right)^2 W^2 -$$

$$3.6x^5 yX \mid W \mid$$

$$> 0$$

而当 $\beta \geqslant 9$ 时,有

$$7.999x^4 y^2 X^2 + 2.5x^6 \left(\frac{\beta}{\beta+1}\right)^2 W^2 -$$

$$\left(8 - \frac{44}{1+\beta}\right)x^5 yX \mid W \mid$$

$$\geqslant 7.999x^4 y^2 X^2 + (2.5)(0.81)x^6 W^2 -$$

$$8x^5 yX \mid W \mid$$

$$\geqslant 0$$

(5c) 若 $W \leqslant 0, Z \geqslant 0$. 由于 $Y \leqslant 0$,则 $-YZ$, $-WZ, -XY$ 都是正的,由

$$\{(2x^2 y^2 + 3y^4)y^2 X^2 + (6x^2 y^2 + 8y^4)x^2 W^2 -$$

$$2(3x^2 y^2 + 4y^4)xyX \mid W \mid\} +$$

$$\{7.5x^4 y^2 X^2 - 8x^5 yX \mid W \mid + 2.5x^6 \mid W \mid^2\}$$

$$\geqslant 0$$

及

$$(7x^6 + 45x^2 y^4)Y^2$$

$$= (7x^6 - 2\sqrt{7.45}x^4 y^2 + 45x^2 y^4)Y^2 + 2\sqrt{7.45}x^4 y^2 Y^2$$

再利用 $Y^2 \geqslant XZ, Z^2 \geqslant YW$ 及 $-XY \geqslant 0, -ZW \geqslant 0$,

即得引理 1 的证明，总之由上面各段即得引理 1 是正确的.

引理 2　我们有

$$G_{xx} = (x^2 + y^2)^{-\frac{9}{2}} \left\{ (-60x^3y^2 + 45xy^4)\left(\frac{1}{6}X\right) + \right.$$

$$(24x^4y - 72x^2y^3 + 9y^5)\left(\frac{1}{2}Y\right) +$$

$$(-6x^5 + 63x^3y^2 - 36xy^4)\left(\frac{1}{2}Z\right) +$$

$$\left. (-36x^4y + 63x^2y^3 - 6y^5)\left(\frac{1}{6}W\right) \right\}$$

证　见文 [1] 的 G_{uu}.

引理 3　假定 m_i 中存在一个或一个以上使得 $m_i \geqslant t^\varepsilon n_i$. 这里 ε 是任一给定的正数，而 $t \to \infty$，则有

$$Q(X, Y, Z, W) \geqslant 10^{-5}[x^6(Y^2 + Z^2 + W^2)]$$

证　由于

$$Z^2 - YW \cdot \frac{2}{3} = 4\{(n_1n_2m_3)^2 + (n_2n_3m_1)^2 + (n_1n_3m_2)^2\}$$

$$\geqslant t^\varepsilon W^2 \tag{6}$$

在 $Q(X, Y, Z, W)$ 关于 Z^2 的各项中都取很小的系数，然后再利用式 (6)，即

$$\begin{aligned}
Q(X, Y, Z, W) \geqslant {} & (8x^4 + 6x^2y^2 + 3y^2)y^2X^2 + 3(4x^6 + \\
& 4x^4y^2 + 21x^2y^4 + 6y^6)Y^2 + \\
& (3 - 10^{-10})(6x^6 + 21x^4y^2 + \\
& 4x^2y^4 + 4y^6)Z^2 + \{(3 + 10^{-10}t^\varepsilon)x^6 + \\
& (6 + 10^{-10}t^\varepsilon)x^4y^2 + (8 + 10^{-10}t^\varepsilon)x^2y^4 + \\
& 10^{-10}t^\varepsilon y^6\}W^2 - 2xy(8x^4 - 4x^2y^2 + \\
& 3y^4)XY - 2xy(3x^4 - 4x^2y^2 +
\end{aligned}$$

$$8y^4)ZW - 2(2x^6 + 20x^4y^2 +$$

$$9x^2y^4 + 6y^6)XZ -$$

$$\left\{\left(12 - \frac{12}{3} \times 10^{-10}\right)x^6 + \right.$$

$$\left(18 - \frac{42}{3} \times 10^{-10}\right)x^4y^2 +$$

$$\left(40 - \frac{8}{3} \times 10^{-10}\right)x^2y^4 +$$

$$\left.\left(4 - \frac{8}{3} \times 10^{-10}\right)y^6\right\}YW +$$

$$2(4x^4 + 3x^2y^2 + 4y^4)xyXW -$$

$$90x^3y^3YZ$$

然后再利用 $t^\varepsilon \to \infty$ 很容易将含有 $-ZW$，$-YW$ 及 XW 的各项消去，最后再利用

$$(8x^4 - 4x^2y^2 + 3y^4)(yX - xY)^2 \geqslant 0$$

$$10x^2y^4X^2 + 17x^6Z^2 - 26x^4y^2XZ \geqslant 0$$

$$45x^2y^2(yY - xZ)^2 \geqslant 0 \ \text{及} \ Y^2 \geqslant XZ$$

即证得引理 3 成立.

我们知道[1]

$$\int_0^t \{R(n) - \pi n\}\mathrm{d}n = \frac{t}{\pi}\sum_{v=1}^{\infty}\frac{r(v)}{v}J_2\{2\pi\sqrt{vt}\}$$

这里 $r(v)$ 是方程式

$$m^2 + n^2 = v$$

的解的数目，显然的，我们有

$$\int_0^t \{R(n) - \pi n\}\mathrm{d}n = \frac{4t}{\pi}\sum_{x=1}^{\infty}\sum_{y=0}^{\infty}\frac{J_2\{2\pi\sqrt{(x^2+y^2)t}\}}{x^2+y^2}$$

令 C 表示图形中用粗线所围成的区域，而以 C' 表示第一象限中余下的区域，如果我们取 $0 < \alpha < 1$（实际上

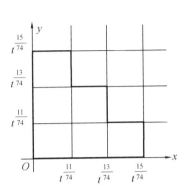

图 1

我们以后取 $\alpha = \dfrac{12}{37}$），就能够导出

$$\int_t^{t \pm t^\alpha} \{R(n) - \pi n\}\, \mathrm{d}n$$

$$= 4 \int_t^{t \pm t^\alpha} \sum_C \sum \frac{\sqrt{n}\, J_1\{2\pi \sqrt{(x^2 + y^2)n}\}}{(x^2 + y^2)^{\frac{1}{2}}}\, \mathrm{d}n$$

$$\frac{4}{\pi} \left\{ \sum_C \sum \frac{n J_2 \{2\pi \sqrt{(x^2 + y^2)n}\}}{x^2 + y^2} \right\}_t^{t \pm t^\alpha}$$

$$= \sum_1 + \left\{ \sum_2 \right\}_t^{t \pm t^\alpha}$$

这里我们有

$$J_1 \{2\pi \sqrt{vn}\} = \frac{\sin\left\{2\pi \sqrt{vn} - \dfrac{1}{4}\pi\right\}}{\pi (vn)^{\frac{1}{4}}} + O\left(\frac{1}{(vn)^{\frac{3}{4}}}\right)$$

因此有

$$\sum_1 = O\left\{ \int_t^{t \pm t^\alpha} |\phi(n)|\, n^{\frac{1}{4}}\, \mathrm{d}n \right\} + O(t^{\alpha + \frac{1}{4}})$$

这里

71

$$\phi(n) = \sum_C \sum \frac{e^{2\pi i\sqrt{(x^2+y^2)n}}}{(x^2+y^2)^{\frac{3}{4}}}, t - t^a \leqslant n \leqslant t + t^a$$

相似地,我们有

$$\sum_2 = O\{n^{\frac{3}{4}} \mid \psi(n) \mid\} + O(t^{\frac{1}{4}})$$

这里

$$\psi(n) = \sum_{C'} \sum \frac{e^{2\pi i\sqrt{(x^2+y^2)n}}}{(x^2+y^2)^{\frac{5}{4}}}, t - t^a \leqslant n \leqslant t + t^a$$

如果 $x \leqslant t^{\frac{11}{74}}$,那么有

$$n^{\frac{1}{4}} \left| \sum_C \sum_{x \leqslant t^{\frac{11}{74}}} \frac{e^{2\pi i\sqrt{(x^2+y^2)n}}}{(x^2+y^2)^{\frac{3}{4}}} \right|$$

$$\leqslant n^{\frac{1}{4}} \sum_{x \leqslant t^{\frac{11}{74}}} \sum_{y=1}^{\infty} \frac{1}{(x^2+y^2)^{\frac{3}{4}}}$$

$$\leqslant n^{\frac{1}{4}} \sum_{x \leqslant t^{\frac{11}{74}}} \left(\sum_{y=1}^{\infty} \frac{1}{x^{\frac{3}{2}}} + \sum_{y=x+1}^{\infty} \frac{1}{y^{\frac{3}{2}}} \right)$$

$$= O\left(n^{\frac{1}{4}} \sum_{x \leqslant t^{\frac{11}{74}}} x^{-\frac{1}{2}} \right)$$

$$= O(t^{\frac{1}{4}+\frac{11}{148}}) = O(t^{\frac{12}{37}})$$

当 $y \leqslant t^{\frac{11}{74}}$ 时,同样的结果也能够成立.

如果 $x \geqslant t^{\frac{15}{74}}$,那么有

$$n^{\frac{3}{4}} \left| \sum_{C'} \sum_{x \geqslant t^{\frac{15}{74}}} \frac{e^{2\pi i\sqrt{(x^2+y^2)n}}}{(x^2+y^2)^{\frac{5}{4}}} \right|$$

$$\leqslant n^{\frac{3}{4}} \sum_{x \geqslant t^{\frac{15}{74}}} O\left(\frac{1}{x^{\frac{3}{2}}} \right) = O(t^{\frac{3}{4}-\frac{15}{148}})$$

$$= O(t^{2 \cdot \frac{12}{37}}) = O(t^{\frac{24}{37}})$$

当 $y \geqslant t^{\frac{15}{74}}$ 时,同样的结果也能够成立.

令 D 表示正方形 $t^{\frac{15}{74}} \leqslant x, y \leqslant t^{\frac{15}{74}}$ 和 C 的共同部分,而以 D' 表示这个正方形的其余部分,则有

$$n^{\frac{1}{4}} \mid \phi(n) \mid = n^{\frac{1}{4}} \left| \sum_{D} \sum \frac{e^{2\pi i \sqrt{(x^2+y^2)n}}}{(x^2+y^2)^{\frac{3}{4}}} \right| + O(t^{\frac{12}{37}})$$

和

$$n^{\frac{3}{4}} \mid \psi(n) \mid = n^{\frac{3}{4}} \left| \sum_{D'} \sum \frac{e^{2\pi i \sqrt{(x^2+y^2)n}}}{(x^2+y^2)^{\frac{5}{4}}} \right| + O(t^{\frac{27}{37}})$$

现在我们来考虑这种形式

$$S = \sum_{x=N}^{2N} \sum_{y=M}^{2M} e^{2\pi i f(x,y)}$$

的和式,这里 $f(x,y) = \sqrt{(x^2+y^2)t}$. 这个和式 S 可分为两个部分和,即

$$S = \sum_{\substack{x=N \\ x \geqslant y}}^{2N} \sum_{y=M}^{2M} e^{2\pi i f(x,y)} + \sum_{\substack{x=N \\ x \leqslant y}}^{2N} \sum_{y=M}^{2M} e^{2\pi i f(x,y)}$$

如果 $2M \leqslant N$,那么上面的第二个和式就不存在;如果 $2N \leqslant M$,那么上面的第一个和式就不存在. 这里我们再假定 $\max(M,N) = L$,估计第二个和式的方法和估计第一个和式的方法完全相同,只不过将 m_i 与 n_i 互调,而 $n_i \geqslant 0$,所以说我们只对第一个和式进行估值. 现在我们考虑的 L 一定满足条件

$$t^{\frac{11}{74}} \leqslant L \leqslant t^{\frac{15}{74}}$$

当 $L \geqslant t^{\frac{2}{11}-2.5\varepsilon}$ 时,由文[1]的式(23),我们有

$$S = O\{L^{\frac{7}{4}} t^{\frac{1}{32}} (\log \frac{1}{2})^{\frac{1}{3}}\}$$

我们现在来考虑当 $t^{\frac{11}{71}} \leqslant L \leqslant t^{\frac{2}{11}-2.5}$ 时的 S 的估值，应用三次文[1]的引理 2，我们就得到

$$S = O(L^2 \rho^{-\frac{1}{2}}) + O\Big[L\rho^{-\frac{1}{2}} \sum_{i=1}^{2} \Big(\sum_{m_1=1}^{\rho^{\frac{1}{2}}-1} \sum_{n_1=0}^{\rho^{\frac{1}{2}}-1} \mid S_1^{(i)} \mid\Big)^{\frac{1}{2}}\Big]$$

$$= O(L^2 \rho^{-\frac{1}{2}}) + O\Big[L^{\frac{3}{2}} \rho^{-1} \sum_{i=1}^{4} \cdot$$

$$\Big\{\sum_{m_1=1}^{\rho^{\frac{1}{2}}-1} \sum_{n_1=0}^{\rho^{\frac{1}{2}}-1} \Big(\sum_{m_2=1}^{\rho-1} \sum_{n_2=0}^{\rho-1} \mid S_1^{(i)} \mid\Big)^{\frac{1}{2}}\Big\}^{\frac{1}{2}}\Big]$$

$$= O(L^2 \rho^{-\frac{1}{2}}) + O\Big[L^{\frac{7}{4}} \rho^{-\frac{3}{2}} \sum_{i=1}^{8} \cdot$$

$$\Big\{\sum_{m_1=1}^{\rho^{\frac{1}{2}}-1} \sum_{n_1=0}^{\rho^{\frac{1}{2}}-1} \Big[\sum_{m_2=1}^{\rho-1} \sum_{n_2=0}^{\rho-1} \Big(\sum_{m_3=1}^{\rho^2-1} \sum_{n_3=0}^{\rho^2-1} \mid S_3^{(i)} \mid\Big)^{\frac{1}{2}}\Big]^{\frac{1}{2}}\Big\}^{\frac{1}{2}}\Big]$$

这里

$$S_3^1 = S_3 = \sum \sum e^{2\pi i \psi(x,y)}$$

$$\psi(x,y) = \sqrt{t} \Delta \{\sqrt{x^2+y^2}\}$$

$$\rho = t^{-\frac{1}{15}-\epsilon} L^{\frac{8}{15}}$$

而 $S_3^{(i)}$ 只不过将 n_1, n_2, n_3 有时可能改成为负号，而 m_1, m_2, m_3 恒为正，在后面我们将证明 $\mid S_3^{(i)} \mid \ll L^{-2} \rho^7 t^{\frac{1}{2}} W^{-1}$. 而当 $W = 0$ 时，由文[1]有 $\mid S_3^{(i)} \mid \ll L^{-2} \rho^7 t^{\frac{1}{2}} [X^2 + Y^2 + Z^2]^{-\frac{1}{2}}$，所以当 $L \leqslant t^{\frac{2}{11}-2.5\epsilon}$ 时，我们有

$$S = O(L^2 \rho^{-\frac{1}{2}}) + O\Big[L^{\frac{7}{4}} (L^{-2} t^{\frac{1}{2}} \rho^{3.5})^{\frac{1}{2}}\Big]$$

$$= O\Big[L^2 (L^{\frac{8}{15}} t^{-\frac{1}{15}-\epsilon})^{-\frac{1}{2}}\Big] + O(t^{\frac{1}{16}} L^{\frac{3}{2}} \rho^{\frac{3.5}{8}})$$

$$= O(L^{\frac{26}{15}} t^{\frac{1}{30}+\frac{1}{2}\epsilon})$$

考虑和式

$$S = \sum_{M \leqslant y \leqslant 2M} \sum_{N \leqslant x \leqslant 2N} e^{2\pi i \psi(x,y)}$$

我们将和式 S 分为两个部分和即

$$S = \sum_{M \leqslant y \leqslant 2M} \sum_{\substack{N \leqslant x \leqslant 2N \\ x \geqslant y}} e^{2\pi i \psi(x,y)} + \sum_{M \leqslant y \leqslant 2M} \sum_{\substack{N \leqslant x \leqslant 2N \\ x \leqslant y}} e^{2\pi i \psi(x,y)}$$

估计第二个和式的方法和估计第一个和式的方法完全是相同的,所以我们只对第一个和式进行估值. 这里我们又假定 $L \leqslant t^{\frac{2}{11}-2.5\epsilon}$ 将区域 $D(N \leqslant x \leqslant 2N, M \leqslant y \leqslant 2M, x \geqslant y)$ 分成两个子区域,所有满足下面三个条件

$$| yX - xY | \leqslant \alpha xY, \quad | yY - xZ | \leqslant \beta xZ$$
$$| yZ - xW | \leqslant \gamma xW$$

的 D 中的点 (x,y) 都属于第一个子区域 D_1,不属于第一个子区域的 D 中的点都属于第二个子区域,这里 α, β,γ 是和 x,y 无关的很小的数. 由于在第二个子区域中存在 $Q(X,Y,Z,W)t \gg L^6 W^2 t$,并且这里可假定 $W \neq 0$,否则由文[1] 已知有 $Q(X,Y,Z,W)t \gg L^6(X^2 + Y^2 + Z^2 + W^2)t$,所以可用文[2]中的引理 ϵ 和引理 ζ 和使用完全相同于文[1]中的方法进行估值,并且可得到我们所要证明的结果,因此我们只需对属于第一个子区域中的 S 的部分和进行估值. 由于第一个子区域 D_1 中的点都必须满足上述的三个条件,而 α,β,γ 又是充分小的固定的正常数,所以很容易推出 Y,Z,W 都是正的,并且由引理 2 可得到关于 $\psi_{xx}(x,y)$ 有估值

$$L^{-4}Wt^{\frac{1}{2}} \ll \mid \psi_{xx} \mid \ll L^{-4}(X+Y+Z+W)t^{\frac{1}{2}}$$

我们用和式 S_1 表示和式 S 中对应于第一个子区域 D_1 中的部分和. 现在我们来处理 S_L，由于有

$$L^{-4}W^{\frac{1}{2}} \ll \mid \psi_{xx} \mid \ll L^{-4}(X+Y+Z+W)t^{\frac{1}{2}}$$

$$\mid \psi_{xxx} \mid \ll t^{\frac{1}{2}}L^{-5}(X+Y+Z+W)$$

又将区域 D_1 分成不多于 $O((\log t))^2$ 个子区域，使得在每一个子区域中恒有

$$\frac{1}{R} \ll \mid \psi_{xx} \mid \ll \frac{1}{R}$$

这里有

$$t^{-\frac{1}{2}}L^4(X+Y+Z+W)^{-1} \ll R \ll t^{-\frac{1}{2}}L^4W^{-1}$$

设 D_{11} 为其中的任一个子区域，我们将子区域 D_{11} 再分为两个子区域，凡是满足条件

$$\mid yZ - xW \mid \ll L^{1-\alpha}W$$

的 D_{11} 中的点 (x,y) 都属于第一个子区域 D_{111}，不属于 D_{111} 的 D_{11} 中的点都属于 D_{112}. 我们用记号 S_{11} 表示和式 S_1 中对应于子区域 D_{111} 的部分和，这里我们取 $L^\alpha = L^{\frac{1}{2}}W^{\frac{1}{2}}\rho^{\frac{-3.5}{2}}R^{-\frac{1}{4}}, \rho = t^{-\frac{1}{15}-\varepsilon}L^{\frac{8}{15}}$. 又用记号 S_{12} 表示和式 S_1 中对应于子区域 D_{112} 中的部分和，关于 S_{11} 我们可以使用普通的方法进行估值，即设 $L^{1-\alpha}\psi_{xx} \gg 1$ 时，可以使用文[3] 中的引理 7，而得到

$$S_{11} \ll L \cdot L^{1-\alpha}\psi_{xx}^{\frac{1}{2}} \ll L^{2-\frac{1}{2}}W^{-\frac{1}{2}}\rho^{\frac{3.5}{2}}(\rho^{3.5}L^{-4}t^{\frac{1}{2}})^{\frac{1}{4}}$$

$$\ll L^{\frac{1}{2}}W^{-\frac{1}{2}}\rho^{\frac{10.5}{4}}\frac{1}{t^8}$$

而当 $L^{1-\alpha}\psi_{xx} \ll 1$ 时，则有

76

$$S_{11} \ll L \cdot \psi_{xx}^{-\frac{1}{2}} \ll L(L^{-4}Wt^{\frac{1}{2}})^{-\frac{1}{2}} \ll L^3 W^{-\frac{1}{2}} t^{-\frac{1}{4}}$$

现在我们对 S_{12} 进行估值,这里有

$$S_{12} = \sum_y \sum_{C_1(y) \leqslant x \leqslant C_2(y)} e^{2\pi i \psi(x,y)}$$

这里的 $C_1(y)$ 和 $C_2(y)$ 都是 y 的一次函数,也就是说,$C_1(y) = \alpha_1 y + \beta_1, C_2(y) = \alpha_2 y + \beta_2$,又有 $y \leqslant C_1(y)$,$C_2(y) \leqslant 2L$. 又在区间 $C_1(y) \leqslant x \leqslant C_2(y)$ 中的数 x 都一定满足 $|yZ - xW| \gg L^{1-\alpha}W$. 利用文[3]中的引理 6,我们得到

$$S_{12} = S_{12\,\mathrm{I}} + S_{12\,\mathrm{II}} + S_{12\,\mathrm{III}}$$

这里

$$S_{12\,\mathrm{I}} = e^{\frac{\pi}{4}i} \sum_y \sum_{v_1(y) \leqslant v \leqslant v_2(y)} \frac{e^{2\pi i \eta(y)}}{\sqrt{\psi_{xx}(n_v(y), y)}}$$

$$= e^{\frac{\pi}{4}i} \sum_y \sum_{v_1(y) \leqslant v \leqslant v_2(y)} \frac{e^{2\pi i \psi(n_v(y), y) - vn_v(y)}}{\sqrt{\psi_{xx}(n_v(y), y)}}$$

$$S_{12\,\mathrm{II}} \ll \sum_y (L+R)L^{-1} \ll L+R$$

$$S_{12\,\mathrm{III}} \ll \sum_y \sqrt{R} \ll LR^{\frac{1}{2}}$$

$$v_1(y) = \psi_x(C_2(y), y), v_2(y) = \psi_x(C_1(y), y)$$

又在这里我们用到 $\psi_{xx} \leqslant 0$. 交换和号的次序,对于一个固定的 v 而 y 只经过正整数,它使得 $v_1(y) \leqslant v$,同时又使得 $v_2(y) \geqslant v$. 由于 $v_1(y) = v$ 或 $v_2(y) = v$ 中 y 的解的数目都不超过有限个,又由于 $v_1(y)$ 和 $v_2(y)$ 都是 y 的连续函数,所以可假定同时满足条件 $v_1(y) \leqslant v$ 及 $v_2(y) \geqslant v$ 的 y 的解只经过不多于有限段的连续正整数,而每段的长度当然不超过 L,现在考虑其中的任一段,对于这些 y,我们考虑

$$\sum_{y} e^{2\pi i \eta(y)} \cdot \frac{1}{\sqrt{\psi_{xx}(n_v(y),y)}}$$

其中

$$\eta(y) = \psi(n_v(y),y) - v n_v(y)$$

$$\eta'(y) = \psi_y(n_v(y),y)$$

$$\eta''(y) = (\psi_{xx}\psi_{yy} - \psi_{xy}^2)\psi_{xx}^{-1} = H(n_v(y),y)\psi_{xx}^{-1}(n_v(y),y)$$

对于固定的 v 而言，$n_v(y)$ 仍指满足方程 $\psi_x(x,y)=v$ 的 x 的解，对于一个给定的 y，它必须满足 $v_1(y) \leqslant v \leqslant v_2(y)$. 当 $v=v_2(y)=\psi_x(C_1(y),y)$ 时，有 $n_v(y)=C_1(y)$，当 $v=\psi_x(x,y) \leqslant v_2(y)=\psi_x(C_1(y),y)$ 时，有 $n_v(y) \geqslant C_1(y)$，这里用到 $\psi_{xx} \leqslant 0$. 同样的当 $v \geqslant v_1(y)$ 时，有 $n_v(y) \leqslant C_2(y)$. 故有

$$C_1(y) \leqslant n_v(y) \leqslant C_2(y)$$

即有

$$\mid yZ - n_v(y)W \mid \gg L^{1-\alpha}W$$

故由引理 1 和引理 3，我们有

$$H(n_v(y),y) \gg L^{-8}W^2 t L^{-2\alpha}$$

这里我们用到

$$L^{-2\alpha} = L^{-1}W^{-1}\rho^{3.5}R^{\frac{1}{2}} \gg L^{-1}W^{-1}\rho^{3.5}(t^{\frac{1}{2}}\rho^{3.5}L^{-4})^{-\frac{1}{2}}$$

$$\gg L\rho^{\frac{3.5}{2}}t^{-\frac{1}{4}}W^{-1} \gg L\rho^{-\frac{3.5}{2}}t^{-\frac{1}{4}} \gg (\rho^2/L)t^{2.5\varepsilon}$$

最后一式是因为

$$\rho^{3.75} = (t^{-\frac{1}{15}-\varepsilon}L^{\frac{8}{15}})^{3.75} \ll t^{-\frac{1}{4}}L^2 t^{-3\varepsilon}$$

及

$$W^2 \gg t^{-2\varepsilon}(X^2 + Y^2 + Z^2 + W^2)$$

（否则由引理 3 即得我们的结果）

显然我们有

$$H(n_v(y), y) \ll L^{-8} t(X^2 + Y^2 + Z^2 + W^2)$$

于是,由文[3]的引理 7 可得

$$\sum_y \frac{e^{2\pi i n(y)}}{\sqrt{\psi_{xx}(n_v(y), y)}}$$

$$\ll L(H\psi_{xx}^{-1})^{\frac{1}{2}} \psi_{xx}^{-\frac{1}{2}} + (H\psi_{xx}^{-1})^{-\frac{1}{2}} \psi_{xx}^{-\frac{1}{2}}$$

$$\ll L(L^{-8}\rho^7 t)^{\frac{1}{2}} R + (L^{-8-2a}W^2 t)^{-\frac{1}{2}}$$

又 v 的个数不超过 $L(|\psi_{xx}| + |\psi_{xy}|) \ll L^{-3}\rho^{3.5} t^{\frac{1}{2}}$,所以我们得到

$$S_{11\,I} \ll (L(L^{-8}\rho^7 t)^{\frac{1}{2}}) L^{-3}\rho^{3.5} t^{\frac{1}{2}} (L^{-4}Wt^{\frac{1}{2}})^{-1} +$$

$$(L^{-8-2a}W^2 t)^{-\frac{1}{2}} L^{-3}\rho^{3.5} t^{\frac{1}{2}}$$

$$\ll L^{-2}\rho^7 t^{\frac{1}{2}} W^{-1} + L^{1+a} W^{-1} \rho^{3.5}$$

$$\ll L^{-2}\rho^7 t^{\frac{1}{2}} W^{-1} + L^{\frac{3}{2}} W^{-\frac{1}{2}} \rho^{\frac{3.5}{2}} (t^{\frac{1}{2}}\rho^{3.5} L^{-4})^{\frac{1}{4}}$$

$$\ll L^{-2}\rho^7 t^{\frac{1}{2}} W^{-1} + t^{\frac{1}{8}} L^{\frac{1}{2}} W^{-\frac{1}{2}} \rho^{\frac{10.5}{4}}$$

$$\ll L^{-2}\rho^7 t^{\frac{1}{2}} W^{-1}$$

这是因为

$$L^{-2}\rho^7 t^{\frac{1}{2}} W^{-1} \gg t^{\frac{1}{8}} L^{\frac{1}{2}} W^{-\frac{1}{2}} \rho^{\frac{10.5}{4}}, \quad L^{-\frac{5}{2}} t^{\frac{3}{8}} W^{-\frac{1}{2}} \rho^{7-\frac{10.5}{4}} \gg 1$$

$$L^{-\frac{5}{2}} t^{\frac{3}{8}} \rho^{\frac{28-10.5-7}{4}} = L^{-\frac{5}{2}} t^{\frac{3}{8}} \rho^{\frac{10.5}{4}} \gg 1$$

$$(t^{-\frac{1}{15}-\varepsilon} L^{\frac{8}{15}})^{\frac{10.5}{4}} t^{\frac{3}{8}} L^{-\frac{5}{2}} \gg 1$$

$$t^{\frac{45-21}{120}-\frac{10.5}{4}\varepsilon} \gg L^{\frac{300-168}{120}}$$

即当

$$L \leqslant t^{\frac{2}{11}-2.5\varepsilon}$$

时,我们有

$$S_{12\,II} \ll L + R \ll L + L^4 W^{-1} t^{-\frac{1}{2}} \ll L^{-2}\rho^7 t^{\frac{1}{2}} W^{-1}$$

$$S_{12\text{III}} \ll L\sqrt{R} \ll L(L^{-4}Wt^{\frac{1}{2}})^{-\frac{1}{2}} \ll L^3 W^{\frac{1}{2}} t^{-\frac{1}{4}} \ll L^{-2} \rho^7 t^{\frac{1}{2}} W^{-1}$$

这是因为 $L^{-2}\rho^7 t^{\frac{1}{2}} W^{-1} \gg L$，则

$$\rho^7 t^{\frac{1}{2}} \gg L^3 W, \rho^{3.5} t^{\frac{1}{2}} \gg L^3$$

$$(t^{-\frac{1}{15}-\varepsilon} L^{\frac{8}{15}})^{3.5} t^{\frac{1}{t}} = t^{\frac{15-7}{30}} L^{\frac{28}{15}} t^{-3.5\varepsilon} \gg L^3, t^{\frac{8}{30}-3.5\varepsilon} \gg L^{\frac{17}{15}}$$

故当 $L \ll t^{\frac{8}{34}-7\varepsilon}$ 时,上述各式一定成立.

又 $L^{-2}\rho^7 t^{\frac{1}{2}} W^{-1} \gg L^4 W^{-1} t^{-\frac{1}{2}}$，则有 $\rho^7 t \gg L^6$，
$t(t^{-\frac{1}{15}-\varepsilon} L^{\frac{8}{15}})^7 \gg L^6, t^{\frac{8}{15}-7\varepsilon} \gg L^{\frac{90-56}{15}} = L^{\frac{34}{15}}$. 故当 $L \leqslant t^{\frac{8}{34}-7\varepsilon}$
时,上式各式一定成立.

又 $L^{-2}\rho^7 t^{\frac{1}{2}} W^{-1} \gg L^3 W^{\frac{1}{2}} t^{-\frac{1}{4}}$，则有 $(t^{\frac{1}{15}-\varepsilon} L^{\frac{8}{15}})^{\frac{14-3.5}{2}} t^{\frac{3}{4}} \gg$
$L^5, t^{\frac{45-21}{60}-\frac{10.5}{2}} L^{\frac{84}{30}} \gg L^5, t^{\frac{24}{60}-\frac{10.5}{2}\varepsilon} \gg L^{\frac{300-168}{60}}$, 即当 $L \ll t^{\frac{2}{11}-2.5\varepsilon}$
时,上式的各式都能成立. 总之,我们得到,当 $L \ll$
$t^{\frac{2}{11}-2.5\varepsilon}, W \neq 0$ 时,有

$$S \ll L^{-2}\rho^7 t^{\frac{1}{2}} W^{-1}$$

而当 $W = 0$ 时,由文[1] 的方法知

$$S \ll L^{-2}\rho^7 t^{\frac{1}{2}} [X^2 + Y^2 + Z^2]^{-\frac{1}{2}}$$

我们的结果的证明:由式(7) 及文[1] 中的引理 1,我们
得到,当 $\max(x,y) \leqslant t^{\frac{2}{11}-2.5\varepsilon}$ 时,有

$$\sum_R \sum \frac{e^{2\pi i\sqrt{(x^2+y^2)t}}}{(x^2+y^2)^{\frac{3}{4}}} = O(L^{\frac{26}{15}-\frac{3}{2}} t^{\frac{1}{30}+\frac{\varepsilon}{2}}) = O(L^{\frac{7}{30}} t^{\frac{1}{30}+\frac{\varepsilon}{2}})$$

和

$$\sum_R \sum \frac{e^{2\pi i\sqrt{(x^2+y^2)t}}}{(x^2+y^2)^{\frac{5}{4}}} = O(L^{\frac{26}{15}-\frac{5}{2}} t^{\frac{1}{30}+\frac{\varepsilon}{2}}) = O(L^{-\frac{23}{30}} t^{\frac{1}{30}+\frac{1}{2}\varepsilon})$$

又当 $\max(x,y) \geqslant t^{\frac{2}{11}-2.5\varepsilon}$ 时,由文[1] 的式(25) 有

$$\sum_{R}\sum \frac{e^{2\pi i\sqrt{(x^2+y^2)t}}}{(x^2+y^2)^{\frac{5}{4}}}=O(L^{-\frac{3}{4}}t^{\frac{1}{32}+\varepsilon})$$

现在我们将和式分为部分和,即

$$\sum_{D}\sum \frac{e^{2\pi i\sqrt{(x^2+y^2)t}}}{(x^2+y^2)^{\frac{3}{4}}}=\sum_{p=1}^{P}\sum_{q=1}^{Q}\left\{\sum_{2^{p-1}}^{2^p}\sum_{2^{q-1}}^{2^q}\frac{e^{2\pi i\sqrt{(x^2+y^2)t}}}{(x^2+y^2)^{\frac{3}{4}}}\right\}$$

由图形我们有

$$n^{\frac{1}{4}}\mid\phi(n)\mid=O\big(t^{\frac{1}{4}}\sum_{p=1}^{P}\sum_{q=1}^{Q}\{\max(2^p,2^q)\}^{\frac{7}{30}}t^{\frac{1}{30}+\frac{\varepsilon}{2}}\big)+O(t^{\frac{12}{37}})$$

$$=O(t^{\frac{1}{4}+\frac{13}{74}\cdot\frac{7}{30}+\frac{1}{30}+\frac{\varepsilon}{2}})+O(t^{\frac{12}{37}})=O(t^{\frac{12}{37}+\varepsilon})$$

相似地由图形我们有

$$n^{\frac{3}{4}}\mid\psi(n)\mid$$

$$=O\Big[t^{\frac{3}{4}}\sum_{p=1}^{P}\sum_{q=1}^{Q}\{\max(2^p,2^q)\}^{-\frac{23}{30}}t^{\frac{1}{30}+\varepsilon}\Big]+$$

(这里 $\max(2^p,2^q)\leqslant t^{\frac{11}{2}-2.5\varepsilon}$)

$$t^{\frac{3}{4}}\sum_{p=1}^{P}\sum_{q=1}^{Q}\begin{cases}\max(2^p,2^q)\\ \max(2^p,2^q)\geqslant t^{\frac{2}{11}-2.5\varepsilon}\end{cases}^{-\frac{3}{4}}t^{\frac{1}{32}+\varepsilon}+t^{\frac{12}{37}+\frac{1}{4}}$$

$$=O(t^{\frac{3}{4}-\frac{13}{74}\cdot\frac{23}{30}+\frac{1}{30}+\frac{\varepsilon}{2}})+O(t^{\frac{3}{4}-\frac{2}{11}\cdot\frac{3}{4}+\frac{1}{32}})+O(t^{\frac{12}{37}+\frac{1}{4}})=O(t^{\frac{24}{37}+\varepsilon})$$

因此我们有

$$\int_{t}^{t\pm t^{\frac{12}{37}}}\{R(n)-\pi n\}\mathrm{d}n=O(t^{\frac{24}{37}+\varepsilon})$$

由此用普通的方法我们得到

$$R(t)=\pi t+O(t^{\frac{24}{37}+\varepsilon})$$

附注　我们非常感谢尹文霖先生在 1962 年 10 月对本文进行了详细的验算,并提出一些意见. 在 1963 年 1 月,我们收到了尹文霖先生的来信,信中说他得到了另外一种可以证明同样结果的方法.

参考文献

[1] LOO-KENG HUA. The lattice-points in a circle[J]. The Quar. Jour. of Math,1942(ⅩⅢ):18-30.

[2] TITCHMARSH E C. The lattice-points in a circle[J]. Proc. London Math. Soc. ,1935,38(2):96-115.

[3] 尹文霖. 狄氏除数问题[J]. 北京大学学报,1959, 2(5):103-127.

[4] YIN WENLIN. The lattice-points in a circle[J]. Scientia Sinica,1962,1(11):10-15.

椭圆内的整点问题[①]

第 六 章

1. 引言

设 a, b, c 为满足

$$a > 0, c > 0, D = b^2 - 4ac < 0 \quad (1)$$

的三个任意给定的实数, 用 $R(x)$ 表示落在椭圆

$$a\xi^2 + b\xi\eta + c\eta^2 \leqslant x \quad (2)$$

中的整点个数, 本章目的是要为 $R(x)$ 得出一个估计. 大家知道

$$R(x) = \frac{2\pi}{\sqrt{|D|}} x + O(x^\alpha) \quad (3)$$

α 为一不大于 $\frac{1}{2}$ 的正数, 问题在于求出使上式成立的 α 的下确界 ϑ.

当 $a = c = 1, b = 0$ 时, 这就是圆内整点问题. 哈代(Hardy)与兰道(Landau)证明了 $\vartheta \geqslant \frac{1}{4}$, Nieland, Titchmarsh 分别证明了

---

① 陈景润改进为 $\vartheta \leqslant \dfrac{12}{37}$, 见第五章.

$$\vartheta \leqslant \frac{27}{82}, \frac{15}{46}$$

华罗庚在 1942 年得到了

$$\vartheta \leqslant \frac{13}{40}$$

Titchmarsh 曾经研究过一般的整系数椭圆内的整点问题. 假定 a, b, c 为适合条件（1）的整数,他证明了

$$\vartheta \leqslant \frac{27}{82}$$

他的证明基于下面的等式

$$R_1(x) = \frac{\pi x^2}{\sqrt{|D|}} + \frac{x\sqrt{|D|}}{2\pi} \sum_{n=1}^{\infty} \frac{r(n)}{n} J_2\left(4\pi\sqrt{\frac{nx}{|D|}}\right)$$

$$(4)$$

式中 $R_1(x) = \int_0^x R(t)\mathrm{d}t$, $r(n)$ 为

$$a\xi^2 + b\xi\eta + c\eta^2 = n \qquad (5)$$

的整数解组数, $J_2(t)$ 为贝塞尔（Bessel）函数. 但此证明不能推到 a, b, c 为实数的情形. 因在此时,一般来说,$r(n)$ 将失去意义,因此等式（4）不复存在.

华罗庚教授向吴方研究员建议了实系数椭圆内的整点问题,同时建议用维诺格拉多夫的一条引理（见第四章引理 1）来代替等式（4）. 在这些建议下,再用二维的范德科普特（Van der Corput）方法代替用来得到 $\vartheta \leqslant \frac{27}{82}$ 的一维范德科普特方法,1963 年中国科学院数学研究所的吴方研究员证明了下面的结果:对于一般的实系数椭圆内的整点问题,可有

$$\vartheta \leqslant \frac{13}{40}$$

这个结果与华罗庚关于圆内整点问题的结果相当.

在下文中,我们用 $e(x)$ 代表 $e^{2\pi i x}$,又 $c_1,c_2,c_3,\cdots$ 为一些正常数.我们先介绍几个引理.

2. 一些引理

引理 1　设 α 与 β 为两实数且满足

$$0 < \Delta < \frac{1}{4}, \Delta \leqslant \beta - \alpha \leqslant 1 - \Delta$$

命

$$C_n = \frac{i}{2\pi n} \frac{\sin(\pi n\Delta)}{\pi n\Delta}(e^{-2\pi i n\beta} - e^{-2\pi i n\alpha}) \qquad (6)$$

则

$$\psi(x) = \beta - \alpha + \sum_{n=-\infty}^{+\infty}{}' C_n e^{2\pi i n x} \qquad (7)$$

为一个以 1 为周期的函数,它有以下一些性质:

(1) 在区间 $\alpha + \frac{1}{2}\Delta \leqslant x \leqslant \beta - \frac{1}{2}\Delta$ 中,$\psi(x) = 1$;

(2) 在区间 $\alpha - \frac{1}{2}\Delta \leqslant x \leqslant \alpha + \frac{1}{2}\Delta$ 及 $\beta - \frac{1}{2}\Delta \leqslant x \leqslant \beta + \frac{1}{2}\Delta$ 中,$0 \leqslant \psi(x) \leqslant 1$;

(3) 在区间 $\beta + \frac{1}{2}\Delta \leqslant x \leqslant 1 + \alpha - \frac{1}{2}\Delta$ 中,$\psi(x) = 0$.

证明　此即文[6]中第一章引理 12.

引理 2　设 C_n 定义如式(6),命

$$w_n = \sum_y e^{2\pi i n F(y)} \qquad (8)$$

y 经过 P 个实数,又命

$$B = \sum_{n=-\infty}^{+\infty}{}' C_n w_n \qquad (9)$$

则在

$$B = O(R) \qquad (10)$$

成立,而 O 中的常数与 α,β 无关时,对任何实数 γ, $\delta(0 \leqslant \gamma,\delta \leqslant 1)$,可有

$$T(\gamma,\delta) \equiv \sum_{\gamma \leqslant \{F(y)\} < \delta} 1 = P(\delta - \gamma) + O(P\Delta + R) \qquad (11)$$

此处 $\{x\}$ 表示 x 的分数部分,而 O 中的常数与 γ 及 δ 无关;又有

$$\sum_y \{F(y)\} = \frac{1}{2}P + O(P\Delta + R) \qquad (12)$$

证明　在 $0 < \delta - \gamma < 1 - 2\Delta$ 时,取引理 1 中的 α, β 为

$$\alpha = \gamma - \frac{1}{2}\Delta, \beta = \delta + \frac{1}{2}\Delta$$

于是由引理 1 及假定(10) 得到

$$\sum_y \psi(\{F(y)\}) = P(\delta - \gamma + \Delta) + O(R)$$
$$= P(\delta - \gamma) + O(P\Delta + R) \qquad (13)$$

但由 ψ 及 T 的定义,显见

$$\sum_y \psi(\{F(y)\}) = T(\gamma,\delta) + \theta_1 T(\gamma - \Delta, \gamma) +$$
$$\theta_2 T(\delta, \delta + \Delta)$$

此处 $0 \leqslant \theta_1, \theta_2 \leqslant 1$. 今取引理 1 中的 $\alpha = \gamma - \frac{3}{2}\Delta, \beta = \gamma + \frac{1}{2}\Delta$,而记对应的 ψ 为 ψ_1,于是,显然有

$$T(\gamma - \Delta, \gamma) \leqslant \sum_y \psi_1(\{F(y)\}) = O(P\Delta + R)$$

同理可有

$$T(\delta, \delta + \Delta) = O(P\Delta + R)$$

所以得到

$$\sum_y \psi(\{F(y)\}) = T(\gamma, \delta) + O(P\Delta + R) \quad (14)$$

结合(13)与(14)两式便得到式(11).

至于当 $\delta - \gamma \geqslant 1 - 2\Delta$ 时,由

$$\frac{\gamma + \delta}{2} - \gamma = \delta - \frac{\gamma + \delta}{2} \leqslant \frac{1}{2} < 1 - 2\Delta$$

及

$$T(\gamma, \delta) = T\left(\gamma, \frac{\gamma + \delta}{2}\right) + T\left(\frac{\gamma + \delta}{2}, \delta\right)$$

也得到式(11).

于是

$$\begin{aligned}
\sum_y \{F(y)\} &= \int_0^1 \delta \mathrm{d}T(0, \delta) \\
&= [\delta T(0, \delta)]_0^1 - \int_0^1 T(0, \delta) \mathrm{d}\delta \\
&= \frac{1}{2}P + O(P\Delta + R)
\end{aligned}$$

引理得证.

引理 3 设 $1 \leqslant A = O(U), 0 < s - r = O(U)$. 若 $f(y)$ 为一代数函数,且其二重及三重导函数适合

$$\frac{1}{A} \ll f''(y) \ll \frac{1}{A}, f'''(y) \ll \frac{1}{AU}$$

则有

$$\sum_{r < y < s} \mathrm{e}^{2\pi \mathrm{i}f(y)} = \mathrm{e}^{\frac{1}{4}\pi \mathrm{i}} \sum_{f'(r) < m < f'(s)} \frac{\mathrm{e}^{2\pi \mathrm{i}(f(y_m) - my_m)}}{\sqrt{f''(y_m)}} +$$

87

$$O(\sqrt{A} + \log U) \tag{15}$$

此处 y_m 由 $f'(y_m) = m$ 所定义.

证明　此即文[7]中引理 1.

引理 4　设 $a_{\mu,\nu}$ 为任何实数或复数,命

$$s_{m,n} = \sum_{\mu=1}^{m} \sum_{\nu=1}^{n} a_{\mu,\nu}$$

假设

$$|s_{m,n}| \leqslant G \quad (1 \leqslant m \leqslant M, 1 \leqslant n \leqslant N)$$

G 与 m,n 无关;又设实数 $b_{m,n}$ 适合

$$0 \leqslant b_{m,n} \leqslant H$$

并且对于 $1 \leqslant m \leqslant M, 1 \leqslant n \leqslant N$ 中的 m,n,有

$$b_{m,n} - b_{m,n+1}, b_{m,n} - b_{m+1,n}$$
$$b_{m,n} - b_{m+1,n} - b_{m,n+1} + b_{m+1,n+1}$$

中的每一个都有固定的符号,则

$$\left| \sum_{m=1}^{M} \sum_{n=1}^{N} a_{m,n} b_{m,n} \right| \leqslant sGH \tag{16}$$

证明　此即文[3]中的引理 α.

引理 5　设 D 为包含在矩形 $(x_1, x_2; y_1, y_2)$ 中的一个区域,$f(x,y)$ 为在 D 上定义的一个二元实函数,命

$$S = \sum \sum_{(m,n) \in D} e^{2\pi i f(m,n)} \tag{17}$$

及

$$S' = \sum \sum_{\substack{(m,n) \in D \\ (m+\mu, n+\nu) \in D}} e^{2\pi i \{f(m+\mu, n+\nu) - f(m,n)\}} \tag{18}$$

$$S'' = \sum \sum_{\substack{(m,n) \in D \\ (m+\mu, n-\nu) \in D}} e^{2\pi i \{f(m+\mu, n-\nu) - f(m,n)\}} \tag{19}$$

又设 ρ 与 ρ' 为两正整数,$1 \leqslant \rho \leqslant x_2 - x_1$,$1 \leqslant \rho' \leqslant y_2 - y_1$,则有

$$S = O\left\{\frac{(x_2 - x_1)(y_2 - y_1)}{\sqrt{\rho\rho'}}\right\} +$$
$$O\left\{\sqrt{\frac{(x_2 - x_1)(y_2 - y_1)}{\rho\rho'}}\left(\sum_{\mu=1}^{\rho-1}\sum_{\nu=0}^{\rho'-1} |S'|\right)^{\frac{1}{2}}\right\} +$$
$$O\left\{\sqrt{\frac{(x_2 - x_1)(y_2 - y_1)}{\rho\rho'}}\left(\sum_{\mu=0}^{\rho-1}\sum_{\nu=1}^{\rho'-1} |S''|\right)^{\frac{1}{2}}\right\} \quad (20)$$

证明　此即文[3]中的引理 β.

在引理 5 中取 $\rho' = 1$,即得:

引理 5′　若 $1 \leqslant \rho \leqslant b - a$,则

$$S = O\left\{\frac{(x_2 - x_1)(y_2 - y_1)}{\sqrt{\rho}}\right\} +$$
$$O\left\{\sqrt{\frac{(x_2 - x_1)(y_2 - y_1)}{\sqrt{\rho}}}\left(\sum_{\mu=1}^{\rho-1} |S'''|\right)^{\frac{1}{2}}\right\}$$
$$(21)$$

此处

$$S''' = \sum_{\substack{(m,n)\in D \\ (m+\mu,n)\in D}} e^{2\pi\{f(m+\mu,n)-f(m,n)\}} \quad (22)$$

引理 6　设 $x_2 - x_1 \leqslant l$,$y_2 - y_1 \leqslant l$.D 为矩形 $(x_1, x_2; y_1, y_2)$ 或为此矩形中的一个由连续单调曲线截割所得的部分.$f(x,y)$ 为 x 与 y 的实可微函数,且对每一固定的 y,$f_x(x,y)$ 为 x 的单调函数,又对每一固定的 x,$f_y(x,y)$ 为 y 的单调函数.又设在矩形$(x_1, x_2; y_1, y_2)$ 中,$|f_x| \leqslant \frac{3}{4}$,$|f_y| \leqslant \frac{3}{4}$ 成立,则有

$$\sum_{(m,n)\in D}\sum e^{2\pi i f(m,n)} = \iint_D e^{2\pi i f(x,y)}\,\mathrm{d}x\,\mathrm{d}y + O(l) \quad (23)$$

89

证明 此即文[3]中的引理 γ.

引理7 设 $x_2 - x_1 \leqslant l, y_2 - y_1 \leqslant l. D$ 为矩形 $(x_1, x_2; y_1, y_2)$ 或为此矩形中的一个由一直线截割所得的部分. 函数 $f(x, y)$ 在矩形 $(x_1, x_2; y_1, y_2)$ 中具有前三阶连续偏导函数. 又设以这些偏导数为变量的任何代数方程所定义的曲线, 与任何为一条这种曲线或与任何直线都只有有限多个交点. 若

$$|f_{xx}| < AR, \quad |f_{yy}| < AR, \quad |f_{xy}| < AR \quad (24)$$

及

$$|f_{xx}f_{yy} - f_{xy}^2| \geqslant r^2 \quad (25)$$

而 $0 < r \leqslant R$ 在整个矩形中成立, 又若

$$|f_x| \leqslant r_1, \quad |f_y| \leqslant r_1 \quad (26)$$

$$|f_{xxx}| \leqslant r_3, \quad |f_{xxy}| \leqslant r_3, \quad |f_{xyy}| \leqslant r_3, \quad |f_{yyy}| \leqslant r_3 \quad (27)$$

而

$$r_1 r_3 < k_1 r^2, \quad l r_3 < k_2 r \quad (28)$$

k_1 与 k_2 均为充分小的常数, 则有

$$\iint\limits_{D} e^{2\pi i f(x, y)} \, dx \, dy = O\left(\frac{1 + |\log R| + |\log l|}{r}\right)$$

$$(29)$$

证明 当 D 为矩形 $(x_1, x_2; y_1, y_2)$ 时, 此即文[3]中的引理 ζ. 至于 D 为矩形被一直线截割所得的部分时, 它的证明与 D 为矩形时完全相同.

引理8 设 $f(x, y)$ 具有前二阶连续偏导函数. 通过线性变换

$$x' = \alpha x + \beta y, y' = \gamma x + \delta y \quad (\alpha\delta - \beta\gamma \neq 0)$$

假设 $f(x,y)$ 变为 $g(x',y')$，则有

$$f_{xx}f_{yy} - f_{xy}^2 = (\alpha\delta - \beta\gamma)^2(g_{x'x'}g_{y'y'} - g_{x'y'}^2) \quad (30)$$

证明　显然有

$$f_x = \alpha g_{x'} + \gamma g_{y'}, f_y = \beta g_{x'} + \delta g_{y'}$$

及

$$f_{xx} = \alpha^2 g_{x'x'} + 2\alpha\gamma g_{x'y'} + \gamma^2 g_{y'y'}$$

$$f_{xy} = \alpha\beta g_{x'x'} + (\alpha\delta + \beta\gamma)g_{x'y'} + \gamma\delta g_{y'y'}$$

$$f_{yy} = \beta^2 g_{x'x'} + 2\beta\delta g_{x'y'} + \delta^2 g_{y'y'}$$

由此不难得出引理.

3. 化为三角和

我们可以不失普遍性地假定 $b \leqslant 0$.

设 $\dfrac{p}{q}$ 为一适合

$$\frac{-b}{2c} < \frac{p}{q} < \frac{2a}{-b} \quad (31)$$

的既约分数. 用直线 $p\xi - q\eta = 0$ 将椭圆

$$a\xi^2 + b\xi\eta + c\eta^2 \leqslant x$$

分割如图 1，则椭圆中所含的整点个数

$$R(x) = 2(N(\text{I}) + N(\text{II}) + N(\text{III})) \quad (32)$$

此处 $N(\text{I})$ 表示落在 I 中以及落在 I 的周界上的整点个数（直线 $\eta = 0$ 及 $p\xi - q\eta = 0$ 上的整点都以半数计之），$N(\text{II})$，$N(\text{III})$ 也有类似的意义.

直线 $p\xi - q\eta = 0$ 与

$$a\xi^2 + b\xi\eta + c\eta^2 = x$$

在上半平面中的交点为

$$\left(\frac{q\sqrt{x}}{\sqrt{aq^2 + bpq + cp^2}}, \frac{p\sqrt{x}}{\sqrt{aq^2 + bpq + cp^2}} \right)$$

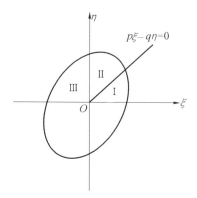

图 1

所以

$$N(\mathrm{I}) = \sum_{0 < \eta \leqslant \frac{p\sqrt{x}}{\sqrt{aq^2 + bpq + cp^2}}} \left(\left[\frac{-b\eta + \sqrt{4ax + D\eta^2}}{2a} \right] - \left[\frac{q\eta}{p} \right] \right) +$$

$$\frac{1}{2}\sqrt{\frac{x}{a}} + \frac{1}{2} \frac{\sqrt{x}}{\sqrt{aq^2 + bpq + cp^2}} + O(1) \quad (33)$$

当 η 通过模 p 的完全剩余系时

$$\sum_{\eta} \left\{ \frac{q\eta}{p} \right\} = \frac{1}{2}(p - 1)$$

所以

$$\sum_{0 < \eta \leqslant \frac{p\sqrt{x}}{\sqrt{aq^2 + bpq + cp^2}}} \left\{ \frac{q\eta}{p} \right\} = \frac{(p-1)\sqrt{x}}{2\sqrt{aq^2 + bpq + cp^2}} + O(1)$$

$$(34)$$

又由欧拉（Euler）求和公式得到

$$\sum_{0 < \eta \leqslant \frac{p\sqrt{x}}{\sqrt{aq^2 + bpq + cp^2}}} \left(\frac{-b\eta + \sqrt{4ax + D\eta^2}}{2a} - \frac{q\eta}{p} \right)$$

92

$$= \int_0^{\frac{p\sqrt{x}}{\sqrt{aq^2+bpq+cp^2}}} \left(\frac{-b\eta + \sqrt{4ax+D\eta^2}}{2a} - \frac{q\eta}{p} \right) \mathrm{d}\eta -$$

$$\frac{1}{2} \frac{\sqrt{4ax}}{2a} + \int_0^{\frac{p\sqrt{x}}{\sqrt{aq^2+bpq+cp^2}}} \left(\eta - [\eta] - \frac{1}{2} \right) \cdot$$

$$\left(\frac{-b}{2a} - \frac{q}{p} + \frac{D\eta}{2a\sqrt{4ax+D\eta^2}} \right) \mathrm{d}\eta$$

在区间 $0 < \eta \leqslant \dfrac{p\sqrt{x}}{\sqrt{aq^2+bpq+cp^2}}$ 中，$\dfrac{-b}{2a} - \dfrac{q}{p} +$

$\dfrac{D\eta}{2a\sqrt{4ax+D\eta^2}}$ 为 η 的增函数，且易见其有界，又对任

何实数 a，满足

$$\int_a^{a+1} \left(\eta - [\eta] - \frac{1}{2} \right) \mathrm{d}\eta = 0$$

所以由积分第二中值定理得到

$$\int_0^{\frac{p\sqrt{x}}{\sqrt{aq^2+bpq+cp^2}}} \left(\eta - [\eta] - \frac{1}{2} \right) \cdot$$

$$\left(\frac{-b}{2a} - \frac{q}{p} + \frac{D\eta}{2a\sqrt{4ax+D\eta^2}} \right) \mathrm{d}\eta = O(1)$$

于是得到

$$\sum_{0 < \eta \leqslant \frac{p\sqrt{x}}{\sqrt{aq^2+bpq+cp^2}}} \left(\frac{-b\eta + \sqrt{4ax+D\eta^2}}{2a} - \frac{q\eta}{p} \right) + \frac{1}{2}\sqrt{\frac{x}{a}}$$

$$= \int_0^{\frac{p\sqrt{x}}{\sqrt{aq^2+bpq+cp^2}}} \left(\frac{-b\eta + \sqrt{4ax+D\eta^2}}{2a} - \frac{q\eta}{p} \right) \mathrm{d}\eta + O(1)$$

$$(35)$$

因此由(33)(34)(35)三式得出

$$N(\mathrm{I}) = \int_0^{\frac{p\sqrt{x}}{\sqrt{aq^2+bpq+cp^2}}} \mathrm{d}\eta \int_{\frac{q\eta}{p}}^{\frac{-b\eta + \sqrt{4ax+D\eta^2}}{2a}} \mathrm{d}\xi + \frac{1}{2} \frac{p\sqrt{x}}{\sqrt{aq^2+bpq+cp^2}} -$$

$$\sum_{0<\eta\leqslant\frac{p\sqrt{x}}{\sqrt{aq^2+bpq+cp^2}}}\left\{\frac{-b\eta+\sqrt{4ax+D\eta^2}}{2a}\right\}+O(1)$$

（36）

若能够证明

$$\sum_{0<\eta\leqslant\frac{p\sqrt{x}}{\sqrt{aq^2+bpq+cp^2}}}\left\{\frac{-b\eta+\sqrt{4ax+D\eta^2}}{2a}\right\}$$

$$=\frac{1}{2}\frac{p\sqrt{x}}{\sqrt{aq^2+bpq+cp^2}}+O(x^{\frac{13}{40}+\varepsilon})$$ （37）

则由式（36）得出

$$N(\mathrm{I})=A(\mathrm{I})+O(x^{\frac{13}{40}+\varepsilon})$$ （38）

此处 $A(\mathrm{I})$ 表示区域 I 的面积. 又用类似的方法可以证明

$$N(\mathrm{II})=A(\mathrm{II})+O(x^{\frac{13}{40}+\varepsilon})$$

$$N(\mathrm{III})=A(\mathrm{III})+O(x^{\frac{13}{40}+\varepsilon})$$

而由式（32）得到

$$R(x)=2(A(\mathrm{I})+A(\mathrm{II})+A(\mathrm{III}))+O(x^{\frac{13}{40}+\varepsilon})$$

$$=\frac{2\pi}{\sqrt{|D|}}x+O(x^{\frac{13}{40}+\varepsilon})$$

此即需要的结果.

于是我们需要证明式（37），由引理 2，我们又知道问题在于估计

$$\sum=\sum_{n=-\infty}^{+\infty}{'}C_n\sum_{0<\eta\leqslant\frac{p\sqrt{x}}{\sqrt{aq^2+bpq+cp^2}}}e\left(n\frac{-b\eta+\sqrt{4ax+D\eta^2}}{2a}\right)$$

（39）

C_n 的定义见式(6),而 $\Delta = x^{-\frac{7}{40}}$,因为

$$C_n \ll \min\left(\frac{1}{n}, \frac{1}{n^2\Delta}\right) \tag{40}$$

显见

$$\sum_{|n|>\sqrt{x}} C_n \sum_{0<\eta \leqslant \frac{p\sqrt{x}}{\sqrt{aq^2+bpq+cp^2}}} e\left(n\frac{-b\eta+\sqrt{4ax+D\eta^2}}{2a}\right)$$

$$\ll \sum_{n>\sqrt{x}} \frac{\sqrt{x}}{n^2\Delta} \ll \Delta^{-1} \tag{41}$$

又对 $1 \leqslant n \leqslant \sqrt{x}$,在引理 3 中,取

$$f(\eta) = n\frac{b\eta - \sqrt{4ax+D\eta^2}}{2a}$$

$$A = \frac{\sqrt{x}}{n}, U = \sqrt{x}$$

则

$$f'(\eta) = \frac{nb}{2a} - \frac{nD\eta}{2a\sqrt{4ax+D\eta^2}}$$

$$f''(\eta) = -2nDx(4ax+D\eta^2)^{-\frac{3}{2}}$$

$$f'''(\eta) = 6nD^2x\eta(4ax+D\eta^2)^{-\frac{5}{2}}$$

所以在 $1 \leqslant n \leqslant \sqrt{x}, 0 < \eta \leqslant \dfrac{p\sqrt{x}}{\sqrt{aq^2+bpq+cp^2}}$ 时

$$\frac{n}{\sqrt{x}} \ll f''(\eta) \ll \frac{n}{\sqrt{x}}, f'''(\eta) \ll nx^{-\frac{3}{2}}$$

也即 $f(\eta)$ 适合引理 3 的条件.令

$$f'(0) = \frac{b}{2a}n, f'\left(\frac{p\sqrt{x}}{\sqrt{aq^2+bpq+cp^2}}\right) = \frac{bq+2cp}{2aq+bp}n$$

当 $m > \dfrac{b}{2a}n$ 时,$f'(\eta_m) = m$ 的解为

$$\eta_m = \frac{(2am - bn)\sqrt{x}}{\sqrt{\mid D \mid}(am^2 - bmn + cn^2)}$$

于是

$$f(\eta_m) - m\eta_m = -2\sqrt{\frac{x}{\mid D \mid}}\sqrt{am^2 - bmn + cn^2}$$

$$f''(\eta_m) = \frac{2}{n^2\sqrt{\mid D \mid x}}(am^2 - bmn + cn^2)^{\frac{3}{2}}$$

所以由引理 3 得到：对于 $1 \leqslant n \leqslant \sqrt{x}$，有

$$\sum_{0 < \eta \leqslant \frac{p\sqrt{x}}{\sqrt{aq^2 + bpq + cp^2}}} e\left(n\frac{-b\eta + \sqrt{4ax + D\eta^2}}{2a}\right)$$

$$= \frac{e^{-\frac{1}{4}\pi i}}{\sqrt{2}}(\mid D \mid x)^{\frac{1}{4}}n \cdot$$

$$\sum_{\frac{b}{2a}n < m < \frac{bq + 2cp}{2aq + bp}n} \frac{e\left(2\sqrt{\frac{x}{\mid D \mid}}\sqrt{am^2 - bmn + cn^2}\right)}{(am^2 - bmn + cn^2)^{\frac{3}{4}}} +$$

$$O\left(\frac{x^{\frac{1}{4}}}{\sqrt{n}} + \log x\right) \tag{42}$$

类似地，对于 $-\sqrt{x} \leqslant n \leqslant -1$，有

$$\sum_{0 < \eta \leqslant \frac{p\sqrt{x}}{\sqrt{aq^2 + bpq + cp^2}}} e\left(n\frac{-b\eta + \sqrt{4ax + D\eta^2}}{2a}\right)$$

$$= -\frac{e^{\frac{1}{4}\pi i}}{\sqrt{2}}(\mid D \mid x)^{\frac{1}{4}}n \cdot$$

$$\sum_{-\frac{b}{2a}n < m < \frac{bq + 2cp}{2aq + bp}n} \frac{e\left(-2\sqrt{\frac{x}{\mid D \mid}}\sqrt{am^2 - bmn + cn^2}\right)}{(am^2 - bmn + cn^2)^{\frac{3}{4}}} +$$

$$O\left(\frac{x^{\frac{1}{4}}}{\sqrt{n}}+\log x\right) \tag{43}$$

由式（41）易见

$$\sum_{n\leqslant\sqrt{x}}\mid C_n\mid\left(\frac{x^{\frac{1}{4}}}{\sqrt{n}}+\log x\right)\ll x^{\frac{1}{4}} \tag{44}$$

及

$$\sum_{x^{-\frac{1}{2}}\Delta^{-4}<\mid n\mid\leqslant\sqrt{x}}x^{\frac{3}{4}}nC_n\,\cdot$$

$$\sum_{\pm\frac{b}{2a}n<m<\pm\frac{bq+2cp}{2aq+bp}n}\frac{e\left(\pm2\sqrt{\dfrac{x}{\mid D\mid}}\sqrt{am^2\mp bmn+cn^2}\right)}{(am^2\mp bmn+cn^2)^{\frac{3}{4}}}$$

$$\ll\sum_{n>x^{-\frac{1}{2}}\Delta^{-4}}x^{\frac{1}{4}}\frac{n}{n^2\Delta}\frac{n}{n^{\frac{3}{2}}}\ll x^{\frac{1}{2}}\Delta \tag{45}$$

$$\sum_{1\leqslant\mid n\mid\leqslant x^{\frac{1}{2}}\Delta^2}x^{\frac{1}{4}}nC_n\sum_{\pm\frac{b}{2a}n<m<\pm\frac{bq+2cp}{2aq+bp}n}\cdot$$

$$\frac{e\left(\pm2\sqrt{\dfrac{x}{\mid D\mid}}\sqrt{am^2\mp bmn+cn^2}\right)}{(am^2\mp bmn+cn^2)^{\frac{3}{4}}}$$

$$\ll\sum_{n\leqslant x^{\frac{1}{2}}\Delta^2}x^{\frac{1}{4}}\frac{n}{n}\frac{n}{n^{\frac{3}{2}}}\ll x^{\frac{1}{2}}\Delta \tag{46}$$

于是由（39）（41）（42）（44）（45）及（46）各式得到

$$\Sigma=\Sigma_1+\Sigma_2+O(x^{\frac{1}{2}}\Delta+\Delta^{-1})=\Sigma_1+\Sigma_2+O(x^{\frac{13}{40}}) \tag{47}$$

此处

$$\Sigma_1=\frac{e^{-\frac{1}{4}\pi i}}{\sqrt{2}}(\mid D\mid x)^{\frac{1}{4}}\sum_{x^{\frac{1}{2}}\Delta^2<n\leqslant x^{-\frac{1}{2}}\Delta^{-4}}nC_n\,\cdot$$

97

$$\sum_{\frac{b}{2a}n<m<\frac{bq+2cp}{2aq+bp}n}\frac{e\left(2\sqrt{\frac{x}{|D|}}\sqrt{am^2-bmn+cn^2}\right)}{(am^2-bmn+cn^2)^{\frac{3}{4}}}$$

$$(48)$$

$$\Sigma_2=-\frac{e^{\frac{1}{4}\pi i}}{\sqrt{2}}(|D|x)^{\frac{1}{4}}\sum_{x^{\frac{1}{2}}\Delta^2<-n\leqslant x^{-\frac{1}{2}}\Delta^{-4}}nC_n\cdot$$

$$\sum_{-\frac{b}{2a}n<m<\frac{bq+2cp}{2aq+bp}n}\frac{e\left(-2\sqrt{\frac{x}{|D|}}\sqrt{am^2+bmn+cn^2}\right)}{(am^2+bmn+cn^2)^{\frac{3}{4}}}$$

$$(49)$$

我们还需证明

$$\Sigma_1=O(x^{\frac{13}{40}+\varepsilon}),\Sigma_2=O(x^{\frac{13}{40}+\varepsilon}) \qquad (50)$$

Σ_1 与 Σ_2 的估计方法完全相同,我们仅只讨论 Σ_1. 又因

$$\Sigma_1=\frac{e^{-\frac{1}{4}\pi i}}{\sqrt{2}}(|D|x)^{\frac{1}{4}}\sum_{x^{\frac{1}{2}}\Delta^2<n\leqslant x^{-\frac{1}{2}}\Delta^{-4}}nC_n\cdot$$

$$\left\{\sum_{1\leqslant m<\frac{-b}{2a}n}\frac{e\left(2\sqrt{\frac{x}{|D|}}\sqrt{am^2+bmn+cn^2}\right)}{(am^2+bmn+cn^2)^{\frac{3}{4}}}+\right.$$

$$\left.\sum_{1\leqslant m<\frac{bq+2cp}{2aq+bp}n}\frac{e\left(2\sqrt{\frac{x}{|D|}}\sqrt{am^2-bmn+cn^2}\right)}{(am^2-bmn+cn^2)^{\frac{3}{4}}}\right\}+$$

$$O(\Delta^{-1})$$

以及

$$\sum_{x^{\frac{1}{2}}\Delta^2<n\leqslant x^{-\frac{1}{2}}\Delta^{-1}}nC_n\cdot$$

$$\sum_{1 \leqslant m < O(x^{\frac{1}{2}}\Delta^2)} \frac{e\left(2\sqrt{\frac{x}{|D|}}\sqrt{am^2+bmn+cn^2}\right)}{(am^2+bmn+cn^2)^{\frac{3}{4}}}$$

$$\ll \sum_{n > x^{\frac{1}{2}}\Delta^2} \frac{n}{n} \frac{x^{\frac{1}{2}}\Delta^2}{n^{\frac{3}{2}}} \ll x^{\frac{1}{4}}\Delta$$

所以问题又化为证明

$$\Sigma_3 = \sum_{x^{\frac{1}{2}}\Delta^2 < n \leqslant x^{-\frac{1}{2}}\Delta^{-4}} nC_n \cdot$$

$$\sum_{dx^{\frac{1}{2}}\Delta^2 < m \leqslant dn} \frac{e\left(2\sqrt{\frac{x}{|D|}}\sqrt{am^2+bmn+cn^2}\right)}{(am^2+bmn+cn^2)^{\frac{3}{4}}}$$

$$\ll x^{\frac{3}{40}+\varepsilon} \tag{51}$$

此处 b 可正可负, d 为一固定的正实数.

以 C_n 的定义代入, 可见问题在于估计和数

$$S = \sum_{M < m \leqslant M_1} \sum_{\substack{N < n \leqslant N_1 \\ n > \frac{1}{d}m}} \frac{\sin(\pi n\Delta)}{\pi n\Delta} \cdot$$

$$\frac{e\left(2\sqrt{\frac{x}{|D|}}\sqrt{am^2+bmn+cn^2}-n\gamma\right)}{(am^2+bmn+cn^2)^{\frac{3}{4}}}$$

$$\tag{52}$$

此处 γ 为一任意给定的实数, 而

$$\begin{cases} x^{\frac{1}{2}}\Delta^2 \ll M < M_1 \leqslant 2M \ll x^{-\frac{1}{2}}\Delta^{-1} \\ x^{\frac{1}{2}}\Delta^2 \ll N < N_1 \leqslant 2N \ll x^{-\frac{1}{2}}\Delta^{-1} \end{cases} \tag{53}$$

对于 $N_1 \leqslant \Delta^{-1} = x^{\frac{7}{40}}$, 因为 $\frac{\sin(\pi n\Delta)}{\pi n\Delta}$ 是 n 的递减函

数, 故由引理 4 得到

$$S \ll \max_{\substack{M < M_2 \leqslant M_1 \\ N < N_2 \leqslant N_1}} \left| \sum_{M < m \leqslant M_1} \sum_{\substack{N < n \leqslant N_1 \\ n > \frac{1}{d}m}} \cdot \right.$$

$$\left. \frac{e\left(2\sqrt{\frac{x}{|D|}} \sqrt{am^2 + bmn + cn^2} - n\gamma\right)}{(am^2 + bmn + cn^2)^{\frac{3}{4}}} \right|$$

又可将 $M < m \leqslant M_2, N < n \leqslant N_2$ 分成 $O(1)$ 个区域, 使在每个区域中

$$\frac{\partial}{\partial u}(au^2 + buv + cv^2)^{-\frac{3}{4}}$$

$$\frac{\partial}{\partial v}(au^2 + buv + cv^2)^{-\frac{3}{4}}$$

$$\frac{\partial^2}{\partial u \partial v}(au^2 + buv + cv^2)^{-\frac{3}{4}}$$

都有确定的符号,故再由引理 4 得出

$$S \ll L^{-\frac{3}{2}} \max_{\substack{M < M_3 \leqslant M_1 \\ N < N_3 \leqslant N_1}} \left| \sum_{M < m \leqslant M_3} \sum_{\substack{N < n \leqslant N_3 \\ n > \frac{1}{d}m}} \cdot \right.$$

$$\left. e\left(2\sqrt{\frac{x}{|D|}} \sqrt{am^2 + bmn + cn^2} - n\gamma\right) \right|$$

此处 $L = \max(M, N)$.

又对 $N_1 > \Delta^{-1} = x^{\frac{7}{40}}$,因 $\sin(\pi n\Delta) = \dfrac{e^{\pi n\Delta i} - e^{-\pi n\Delta i}}{2i}$,

故可将其吸收在 $e(-n\gamma)$ 中. 此时因 $\dfrac{1}{n}$ 是 n 的递减函数,故与上面类似地,两次应用引理 4 得到

$$S \ll (\Delta L)^{-1} \max_{M_2, N_2} \left| \sum_{M < m \leqslant M_2} \sum_{\substack{N < n \leqslant N_2 \\ n > \frac{1}{d}m}} \cdot \right.$$

100

$$\frac{e\left(2\sqrt{\dfrac{x}{\mid D\mid}}\ \sqrt{am^2+bmn+cn^2}-n\gamma\right)}{(am^2+bmn+cn^2)^{\frac{3}{4}}}\Bigg|$$

$$\ll \Delta^{-1}L^{-\frac{5}{2}}\max_{M_3,N_3}\Bigg|\sum_{M<m\leqslant M_3}\sum_{\substack{N<n\leqslant N_3\\ n>\frac{1}{d}m}}\cdot$$

$$e\left(2\sqrt{\frac{x}{\mid D\mid}}\ \sqrt{am^2+bmn+cn^2}-n\gamma\right)\Bigg|$$

故若命

$$S'=\Bigg|\sum_{M<m\leqslant M_3}\sum_{\substack{N<n\leqslant N_3\\ n>\frac{1}{d}m}}\cdot$$

$$e\left(2\sqrt{\frac{x}{\mid D\mid}}\ \sqrt{am^2+bmn+cn^2}-n\gamma\right)\Bigg|\qquad (54)$$

则由上面的讨论得到

$$S\ll\begin{cases}L^{-\frac{3}{2}}\max\limits_{M_3,N_3}\mid S'\mid, & 若\ L\leqslant\Delta^{-1}=x^{\frac{7}{40}}\ (55)\\[3mm] \Delta^{-1}L^{-\frac{5}{2}}\max\limits_{M_3,N_3}\mid S'\mid, & 若\ L\geqslant\Delta^{-1}=x^{\frac{7}{40}}\ (56)\end{cases}$$

此处 $L=\max(M,N)$. 在下文我们将证明

$$S'=O(L^{\frac{7}{4}}x^{\frac{1}{32}}\log^{\frac{1}{8}}x)+O(L^{\frac{9}{4}}x^{-\frac{1}{16}}\log^{\frac{1}{2}}x)+$$

$$O(L^2x^{-\frac{1}{64}}\log^{\frac{3}{16}}x)\qquad (57)$$

于是不论何种情形,都有

$$S\ll x^{\frac{3}{40}}\log^{\frac{1}{8}}x\qquad (58)$$

因为 Σ_3 能够分成 $O(\log^2 x)$ 个形如 S 的和数,而对每一个 S,都有上面的估计,因此得到

$$S\ll x^{\frac{3}{40}}\log^{\frac{17}{8}}x\ll x^{\frac{3}{40}+\varepsilon}$$

由此得到所述的结果

$$\vartheta \leqslant \frac{13}{40}$$

因此剩下的问题就在于估计 S'，更确切地说，在于证明式(57)的成立.

4. Hessian

对于任何 $m_i, n_i (i=1,2,3)$，此处 $|m_i| \leqslant \eta$, $|n_i| \leqslant \eta$, 及任何二元实函数 $f(u,v)$，命

$$\Delta f(u,v) = f(u+m_1+m_2+m_3, v+n_1+n_2+n_3) -$$
$$\sum f(u+m_1+m_2, v+n_1+n_2) +$$
$$\sum f(u+m_1, v+n_1) - f(u,v) \qquad (59)$$

则易见

$$\left.\begin{array}{ll} \Delta u = \Delta v = 0, & \Delta u^2 = \Delta uv = \Delta v^2 = 0 \\[2mm] X \equiv \Delta u^3 = 6m_1 m_2 m_3, & Y \equiv \Delta u^2 v = 2\sum m_1 m_2 n_3 \\[2mm] Z \equiv \Delta uv^2 = 2\sum m_1 n_2 n_3, & W \equiv \Delta v^3 = 6n_1 n_2 n_3 \end{array}\right\}$$
$$(60)$$

及

$$\Delta(u^\lambda v^{k-\lambda})_{u=0, v=0}$$
$$= O\{\eta^{k-3}(|X| + |Y| + |Z| + |W|)\}$$
$$(0 \leqslant \lambda \leqslant k) \qquad (61)$$

今设 $u = O(|v|), \max(|u|, |v|) = L$, 而 $\eta = o(L)$. 又命

$$G(u,v; m_i, n_i) = \Delta\{\sqrt{u^2 + v^2}\}$$

则在文[4]中已经证明：当 $n_1 = 0$ 时, $W = 0$, 而

$$G_{uu}G_{vv}-G_{uv}^2=-\frac{3}{4}\frac{Q(X,Y,Z,0)}{(u^2+v^2)^7}+O\left(\frac{\eta(X^2+Y^2+Z^2)}{L^9}\right) \tag{62}$$

此处

$$\begin{aligned}Q(X,Y,Z,0)=&(8u^4+6u^2v^2+3v^4)v^2X^2+\\&3(4u^6+4u^4v^2+21u^2v^4+6v^6)Y^2+\\&3(6u^6+21u^4v^2+4u^2v^4+4v^6)Z^2-\\&2uv(8u^4-4u^2v^2+3v^4)XY-\\&2(2u^6+20u^4v^2+9u^2v^4+6v^6)XZ-\\&90u^3v^3YZ\\\geqslant&\frac{1}{10}\{(u^2+v^2)^2v^2X^2+(u^2+v^2)^3(Y^2+Z^2)\}\\\geqslant&C_1(u^2+v^2)^3(X^2+Y^2+Z^2)\end{aligned} \tag{63}$$

今设 $n_1=0$,而命

$$u'=\sqrt{a}u+\frac{b}{2\sqrt{a}}v,v'=\sqrt{\frac{|D|}{4a}}v \tag{64}$$

及

$$m'_i=\sqrt{a}m_i+\frac{b}{2\sqrt{a}}n_i$$

$$n'_i=\sqrt{\frac{|D|}{4a}}n_i\quad(i=1,2,3)$$

又命

$$X'=6m'_1m'_2m'_3,Y'=2m'_1(m'_2n'_3+m'_3n'_2)$$

$$Z'=2m'_1n'_2n'_3,W'=0$$

则在 $u=O(|v|)$ 的条件下,仍有

$$|m'_i|=O(\eta),|n'_i|=O(\eta)$$

$$u' = O(|v'|), \max(|u'|, |v'|) \geqslant C_2 L$$

又命

$$H(u, v; m_i, n_i) \equiv \Delta \sqrt{au^2 + buv + cv^2}$$

则经过变换（64）后

$$H(u, v; m_i, n_i) = G(u', v'; m'_i, n'_i)$$

则由引理 8 及式（63）得到

$$|H_{uu} H_{vv} - H_{uv}^2| = \frac{|D|}{4} |G_{u'u'} G_{v'v'} - G_{u'v'}^2|$$

$$\geqslant C_1 \frac{X'^2 + Y'^2 + Z'^2}{(u'^2 + v'^2)^4} +$$

$$O\left(\frac{\eta(X'^2 + Y'^2 + Z'^2)}{L^9}\right)$$

$$\geqslant C_3 \frac{X'^2 + Y'^2 + Z'^2}{L^8} \tag{65}$$

5. S' 的估计

命 $L = \max(M, N)$，则

$$x^{\frac{3}{20}} = x^{\frac{1}{2}} \Delta^2 \ll L \ll x^{-\frac{1}{2}} \Delta^{-4} = x^{\frac{1}{3}} \tag{66}$$

若 $M_3 - M < x^{\frac{1}{8}}$，或 $N_3 - N < x^{\frac{1}{8}}$，则由式（54）中 S' 的定义，立得

$$S' = O(Lx^{\frac{1}{8}}) \tag{67}$$

现在假定 $M_3 - M > x^{\frac{1}{8}}$，$N_3 - N > x^{\frac{1}{8}}$ 同时成立，取

$$\rho = \rho' = [L^{\frac{1}{2}} x^{-\frac{1}{16}} (\log x)^{-\frac{1}{4}}] \tag{68}$$

则由式（66）显见

$$1 \leqslant \rho^2 \leqslant \frac{1}{2} x^{\frac{1}{8}}$$

对于 S，先应用一次引理 $5'$，再应用两次引理 5，我们

得到

$$S' = O(L^2 \rho^{-\frac{1}{2}}) + O\left(L^{\frac{7}{4}} \rho^{-\frac{3}{2}} \sum_{i=1}^{4} \left\{ \sum_{m_1=1}^{\rho-1} \cdot \right.\right.$$

$$\left.\left. \left[\sum_{m_2=1}^{\rho-1} \sum_{n_2=0}^{\rho-1} \left(\sum_{m_3=1}^{\rho^2-1} \sum_{n_3=0}^{\rho^2-1} \mid S_3^{(i)} \mid \right)^{\frac{1}{2}} \right]^{\frac{1}{2}} \right\}^{\frac{1}{2}} \right) \quad (69)$$

此处

$$S_3^{(1)} = S_3 = \sum \sum e^{2\pi i h(m,n)}$$

$$h(m,n) = 2\sqrt{\frac{x}{\mid D \mid}} H(m,n;m_i,n_i) \quad (70)$$

而 $n_1 = 0$, $S_3^{(2)}, S_3^{(3)}, S_3^{(4)}$ 也有类似的定义,只不过将 (n_2,n_3) 分别换成 $(-n_2,n_3),(n_2,-n_3),(-n_2,-n_3)$ 即可. 它们的估计完全相同,我们只估计 S_3.

由于 $\mid m_i \mid \leqslant \rho^3$, $\mid n_i \mid \leqslant \rho^2$,而 $\rho^2 = o(L)$,故由式 (65) 得到

$$\mid h_{uu} h_{vv} - h_{uv}^2 \mid \geqslant C_4 \frac{x}{L^8} (X'^2 + Y'^2 + Z'^2) \quad (71)$$

由文[4] 的 §2 中所得到的关于 G_{uu}, G_{uv}, G_{vv} 的表示式,容易看到

$$G_{u'u'} = O\left(\frac{\sqrt{X'^2 + Y'^2 + Z'^2}}{L^4}\right)$$

$$G_{u'v'} = O\left(\frac{\sqrt{X'^2 + Y'^2 + Z'^2}}{L^4}\right)$$

$$G_{v'v'} = O\left(\frac{\sqrt{X'^2 + Y'^2 + Z'^2}}{L^4}\right)$$

又类似地可以证明

$$G_{u'u'u'} = O\left(\frac{\sqrt{X'^2 + Y'^2 + Z'^2}}{L^5}\right)$$

$$G_{u'u'v'} = O\left(\frac{\sqrt{X'^2 + Y'^2 + Z'^2}}{L^5}\right)$$

$$G_{u'v'v'} = O\left(\frac{\sqrt{X'^2 + Y'^2 + Z'^2}}{L^5}\right)$$

$$G_{v'v'v'} = O\left(\frac{\sqrt{X'^2 + Y'^2 + Z'^2}}{L^5}\right)$$

因为 H_{uu}, H_{uv}, H_{vv} 与 $H_{uuu}, H_{uuv}, H_{uvv}, H_{vvv}$ 分别是 $G_{u'u'}, G_{u'v'}, G_{v'v'}$ 与 $G_{u'u'u'}, G_{u'u'v'}, G_{u'v'v'}, G_{v'v'v'}$ 的线性组合. 又 $X' = O(\rho^4), Y' = O(\rho^4), Z' = O(\rho^4)$, 所以得到

$$h_{uu} = O\left(\frac{x^{\frac{1}{2}}\rho^4}{L^4}\right), h_{uv} = O\left(\frac{x^{\frac{1}{2}}\rho^4}{L^4}\right), h_{vv} = O\left(\frac{x^{\frac{1}{2}}\rho^4}{L^4}\right) \tag{72}$$

及

$$\left.\begin{aligned}
h_{uuu} &= O\left(\frac{x^{\frac{1}{2}}}{L^5}\sqrt{X'^2 + Y'^2 + Z'^2}\right)\\[2mm]
h_{uuv} &= O\left(\frac{x^{\frac{1}{2}}}{L^5}\sqrt{X'^2 + Y'^2 + Z'^2}\right)\\[2mm]
h_{uvv} &= O\left(\frac{x^{\frac{1}{2}}}{L^5}\sqrt{X'^2 + Y'^2 + Z'^2}\right)\\[2mm]
h_{vvv} &= O\left(\frac{x^{\frac{1}{2}}}{L^5}\sqrt{X'^2 + Y'^2 + Z'^2}\right)
\end{aligned}\right\} \tag{73}$$

故若命 C_5 为一充分小的正数, 而命

$$l = C_5 x^{-\frac{1}{2}}\rho^{-4}L^4 \tag{74}$$

则在边长为 l 的正方形中, h_u 与 h_v 的变差都不超过 $\frac{1}{2}$. 由 ρ 的定义与式(66), 容易推出 $l \leqslant L$, 故可将 S_3 的求和区域分割成 $O\left(\frac{L^2}{l^2}\right)$ 个这种小正方形, 或这种小正方

形的部分. 对每一个这种小区域,必有整数 μ,ν 与之对应,致使

$$h_1(u,v)=h(u,v)-\mu u-\nu v$$

适合 $\left|\dfrac{\partial h_1}{\partial u}\right|\leqslant\dfrac{3}{4}$,$\left|\dfrac{\partial h_1}{\partial v}\right|\leqslant\dfrac{3}{4}$,于是由引理 6 得到,对于每一个小区域

$$\sum\sum \mathrm{e}^{2\pi i h(m,n)}=\iint \mathrm{e}^{2\pi i h_1(u,v)}\mathrm{d}u\mathrm{d}v+O(l) \quad (75)$$

由(71)(72)(73)诸式,我们看到,引理 7 中的 R,r,r_1,r_3 可以选取如下

$$\left.\begin{array}{c} R=\dfrac{x^{\frac{1}{2}}\rho^4}{L^4},r^2=C_4\dfrac{x}{L^8}(X'^2+Y'^2+Z'^2)\\[3mm] r_1=O(1),r_3=O\left(\dfrac{x^{\frac{1}{2}}}{L^5}\sqrt{X'^2+Y'^2+Z'^2}\right) \end{array}\right\} \quad (76)$$

而条件(28)就变为

$$L^6<C_5 x(X'^2+Y'^2+Z'^2) \quad (77)$$

与

$$L^3<C_6 x^{\frac{1}{2}}\rho^4 \quad (78)$$

但条件(78)能由(66)及(67)推出,故在条件(77)成立时

$$\iint \mathrm{e}^{2\pi i h_1(u,v)}\mathrm{d}u\mathrm{d}v=O\left(\dfrac{L^4\log x}{x^{\frac{1}{2}}\sqrt{X'^2+Y'^2+Z'^2}}\right) \quad (79)$$

而有

$$S_3=O\left(\dfrac{L^6\log x}{l^2 x^{\frac{1}{2}}\sqrt{X'^2+Y'^2+Z'^2}}\right)+O\left(\dfrac{L^2}{l}\right)$$

$$=O\left(\dfrac{x^{\frac{1}{2}}\rho^8\log x}{L^2\sqrt{X'^2+Y'^2+Z'^2}}\right) \quad (80)$$

若条件(77) 不成立,即当

$$X'^2 + Y'^2 + Z'^2 = O(L^6 x^{-1}) \tag{81}$$

时,我们就用最粗糙的估计

$$S_3 = O(L^2) \tag{82}$$

于是由式(69) 得到

$$S' = O(L^2 \rho^{-\frac{1}{2}}) + O\Big(L^{\frac{7}{4}} \rho^{-\frac{3}{2}} \Big\{ \sum_{m_1=1}^{\rho} \cdot$$

$$\Big[\sum_{m_2=1}^{\rho} \sum_{n_2=0}^{2} \Big(\sum_{m_3=1}^{\rho} \sum_{n_3=0}^{2} \frac{x^{\frac{1}{2}} \rho^8 \log x}{L^2 \sqrt{X'^2 + Y'^2 + Z'^2}} \Big)^{\frac{1}{2}} \Big]^{\frac{1}{2}} \Big\}^{\frac{1}{2}} \Big) +$$

$$O\Big(L^{\frac{7}{4}} \rho^{-\frac{3}{2}} \Big\{ \sum_{m_1=1}^{\rho} \Big[\sum_{m_2=1}^{\rho} \sum_{n_2=0}^{\rho} \Big(\sum_{\substack{m_3 \quad n_3 \\ X'^2+Y'^2+Z'^2=O(L^6 x^{-1})}} L^2 \Big)^{\frac{1}{2}} \Big]^{\frac{1}{2}} \Big\}^{\frac{1}{2}} \Big)$$

$$\tag{83}$$

为估计上式右方第二项,我们利用下面的事实:

当 $n_2 \neq 0, n_3 \neq 0$ 时

$$X'^2 + Y'^2 + Z'^2 \geqslant Z'^2 \gg m_1^2 n_2^2 n_3^2$$

当 $n_2 \neq 0, n_3 = 0$ 时

$$X'^2 + Y'^2 + Z'^2 \geqslant Y'^2 \gg m_1^2 n_2^2 m_3^2$$

当 $n_2 = 0, n_3 \neq 0$ 时

$$X'^2 + Y'^2 + Z'^2 \geqslant Y'^2 \gg m_1^2 m_2^2 n_3^2$$

当 $n_2 = 0, n_3 = 0$ 时

$$X'^2 + Y'^2 + Z'^2 \geqslant X'^2 \gg m_1^2 m_2^2 m_3^2$$

所以式(83) 右方第二项可化为

$$O\Big(L^{\frac{3}{2}} \rho^{-\frac{1}{2}} x^{\frac{1}{16}} \log^{\frac{1}{8}} x \Big\{ \sum_{m_1=1}^{\rho} \Big[\sum_{m_2=1}^{\rho} \sum_{n_2=0}^{2} \Big(\sum_{m_3=1}^{\rho} \sum_{n_3=0}^{2} \frac{1}{m_1 n_2 n_3} \Big)^{\frac{1}{2}} \Big]^{\frac{1}{2}} \Big\}^{\frac{1}{2}} \Big)$$

$$= O(L^{\frac{3}{2}} \rho^{\frac{1}{2}} x^{\frac{1}{16}} \log^{\frac{1}{4}} x) \tag{84}$$

为估计（83）右方第三项，对于 $n_2 = 0$，我们由 $X'^2 + Y'^2 + Z'^2 = O(L^6 x^{-1})$ 推出 $m_1^2 m_2^2 n_3^2 = O(Y'^2) = O(L^6 x^{-1})$ 及 $m_1^2 m_2^2 m_3^2 = O(X'^2) = O(L^6 x^{-1})$，故有

$$n_3 = O(L^3 x^{-\frac{1}{2}} m_1^{-1} m_2^{-1}), \quad m_3 = O(L^3 x^{-\frac{1}{2}} m_1^{-1} m_2^{-1})$$

对于 $n_2 \neq 0$，若 $|m'_2| \leqslant 1$，则 m_2 至多能取 $O(1)$ 个值，此时由 $X'^2 + Y'^2 + Z'^2 = O(L^6 x^{-1})$ 推出 $m_1^2 n_2^2 n_3^2 = O(Z'^2) = O(L^6 x^{-1})$，所以

$$n_3 = O(L^3 x^{-\frac{1}{2}} m_1^{-1} n_2^{-1})$$

对于 $n_2 \neq 0$，而 $1 \leqslant |m'_2| = O(\rho)$，此时由 $X'^2 + Y'^2 + Z'^2 = O(L^6 x^{-1})$ 推出 $m_1^2 n_2^2 n_3^2 = O(Z'^2) = O(L^6 x^{-1})$ 及 $m_1^2 m_2'^2 m_3'^2 = O(L^6 x^{-1})$，所以

$$n_3 = O(L^3 x^{-\frac{1}{2}} m_1^{-1} n_2^{-1})$$

$$m_3 = O(L^3 x^{-\frac{1}{2}} m_1^{-1} (|m'_2|^{-1} + n_2^{-1}))$$

根据这些事实，我们得到

式（83）右方第三项可化为

$$O\left(L^2 \rho^{-\frac{3}{2}} \Big\{ \sum_{m_1=1}^{\rho} \Big[\sum_{m_2=1}^{\rho} L^2 x^{-\frac{1}{2}} m_1^{-1} m_2^{-1} \Big]^{\frac{1}{2}} \Big\}^{\frac{1}{2}} \right) +$$

$$O\left(L^2 \rho^{-\frac{3}{2}} \Big\{ \sum_{m_1=1}^{\rho} \Big[\sum_{n_2=1}^{\rho} (\rho^2 L^3 x^{-\frac{1}{2}} m_1^{-1} n_2^{-1})^{\frac{1}{2}} \Big]^{\frac{1}{2}} \Big\}^{\frac{1}{2}} \right) +$$

$$O\left(L^2 \rho^{-\frac{3}{2}} \Big\{ \sum_{m_1=1}^{\rho} \Big[\sum_{\substack{m_2=1 \\ 1 \leqslant |m'_2|=O(\rho)}}^{\rho} \sum_{n_2=1}^{\rho} L^3 x^{-\frac{1}{2}} m_1^{-1} \cdot \right.$$

$$\left. (|m'_2|^{-\frac{1}{2}} n_2^{-\frac{1}{2}} + n_2^{-1}) \Big]^{\frac{1}{2}} \Big\}^{\frac{1}{2}} \right)$$

$$= O(L^{\frac{11}{4}} x^{-\frac{1}{8}} \rho^{-\frac{5}{4}} \log^{\frac{1}{4}} x) + O(L^{\frac{19}{8}} \rho^{-\frac{3}{4}} x^{-\frac{1}{16}}) +$$

$$O(L^{\frac{11}{4}} x^{-\frac{1}{8}} \rho^{-1} \log^{\frac{1}{4}} x)$$

$$= O(L^{\frac{11}{4}} x^{-\frac{1}{8}} \rho^{-1} \log^{\frac{1}{4}} x) + O(L^{\frac{19}{8}} \rho^{-\frac{3}{4}} x^{-\frac{1}{16}}) \qquad (85)$$

于是由(67)(68)(83)(84)(85)各式得到

$$S' = O(L x^{\frac{1}{8}}) + O(L^2 \rho^{-\frac{1}{2}}) + O(L^{\frac{3}{2}} \rho^{\frac{1}{2}} x^{\frac{1}{16}} \log^{\frac{1}{4}} x) +$$

$$O(L^{\frac{11}{4}} x^{-\frac{1}{8}} \rho^{-1} \log^{\frac{1}{4}} x) + O(L^{\frac{19}{8}} \rho^{-\frac{3}{4}} x^{-\frac{1}{16}})$$

$$= O(L^{\frac{7}{4}} x^{\frac{1}{32}} \log^{\frac{1}{8}} x) + O(L^{\frac{9}{4}} x^{-\frac{1}{16}} \log^{\frac{1}{2}} x) +$$

$$O(L^2 x^{-\frac{1}{64}} \log^{\frac{3}{16}} x)$$

此即式(57),于是根据第 3 小节的讨论,由此可以推出

$$\vartheta \leqslant \frac{13}{40}$$

参考文献

[1] LANDAU E. Vorlesungen über Zahlentheorie, Ⅱ，Achter Teil, Kap. 6.

[2] NIELAND，L W. Zum Kreisproblem[J]. Mathematische Annalen，1928（98）：717-736；或 TITCHMARSH E C. On van der Corput's method and the Zeta-function of Riemann[J]. Quart. J. of Math. (Oxford Series)，1931(2)：161-173.

[3] TITCHMARSH E C. The lattice-points in a circle[J]. Proc. London Math. Soc. ,1935,38(2)：96-115.

[4] 华罗庚. The lattice-points in a circle[J]. Proc. London Math. Soc. ,1935,38(2)：96-115.

[5] TITCHMARSH E C. On van der Corput's

Method(Ⅵ). Quart. J. of Math. (Oxford Series)，1935(6):106-112.

［6］ВИНОГРАДОВ И М. Метод Тригонометрических сумм в теории чисел，Избранные Труды，237-331. 或数论中的三角和法,数学进展,1995(1)：3-106.

［7］ВИНОГРАДОВ И М，О распределении дробных долей значений функции двух цеременных，Избранные Труды,119-135.

圆内整点问题的 Sierpinski 定理

记

$$N(t) = \#\{tD \bigcap \mathbf{Z}^2\}$$

其中 D 表示平面上的单位圆盘，$N(t)$ 是半径为 t 的圆盘中坐标为整数的点的个数。这样的点究竟有多少呢？按照直觉，应该有

$$N(t) \approx \pi t^2$$

先别管这里的"$\approx$"是什么意思。平面上的积分不就是这样定义的吗？基于这个想法，我们把 $N(t)$ 写成

$$N(t) = \pi t^2 + E(t)$$

易知，存在 $C > 0$ 使得

$$|E(t)| \leqslant Ct \qquad (1)$$

我们的目标是改进式（1），20 世纪初著名的英国数学家哈代（Hardy）提出了以下猜想：对任意 $\varepsilon > 0$，存在常数 $C_\varepsilon > 0$ 使得

$$|E(t)| \leqslant C_\varepsilon \cdot t^{\frac{1}{2}+\varepsilon}$$

哈代证明了该上界不可改进,可惜证明超出了本书范围.

哈代猜想尚未被证明,目前最好的结果是 $Ct^{\frac{5}{8}}$,这比起式(1)来已经好了很多.美国数学家亚历克斯·约瑟维奇用傅里叶分析方法证明了下面的定理,该结果是 1903 年由 W. Sierpinski 得到的.

定理 1　$E(t)$ 定义如上,则

$$|E(t)| \leqslant Ct^{\frac{2}{3}}$$

我们还将证明以下结论,它可以看作均值形式的哈代猜想.

定理 2　令

$$N_x(t) = \#\{(tD - x) \bigcap \mathbf{Z}^2\}$$

则

$$N_x(t) = \pi t^2 + E_x(t)$$

其中

$$\left(\int_0^1 \int_0^1 |E_x(t)|^2 \mathrm{d}x_1 \mathrm{d}x_2\right)^{\frac{1}{2}} \leqslant Ct^{\frac{1}{2}} \qquad (4)$$

定理 1 的证明方法与被誉为有史以来最伟大的数论学家之一的兰道(E. Landau)在研究高维圆内整点时的方法相类似.证明有些地方不太好懂,我们尽量解释得清楚一点,因为花一些时间来理解这个漂亮的证明是值得的.

按照定义

$$N(t) = \sum_{n \in \mathbf{Z}^2} \chi_{tD}(n)$$

这个函数是单变量函数,但是没那么简单,因为其中

涉及二维变量 n,我们来定义一个相应的二元函数

$$N_x(t) = \sum_{n \in \mathbf{Z}^2} \chi_{tD}(x - n)$$

函数 $N_x(t)$ 表示的是以 x 为圆心,t 为半径的圆盘中整点的个数,这个函数是周期函数,因为对任意 $m \in \mathbf{Z}^2$ 有

$$N_{x+m}(t) = N_x(t) \tag{5}$$

有哪些函数是周期函数? 答案当然是三角函数. 比如正弦函数、余弦函数. 我们姑且假定周期函数之间都存在某些关系. 准确点说,根据棣美佛(De Moivre)公式 $e^{i\theta} = \cos\theta + i\sin\theta$,我们把任意一个周期函数,(注:实际指的是以整数为周期的函数,下同.)比如 $N_x(t)$,写成以下形式

$$\sum_{k \in \mathbf{Z}^2} c_k e^{2\pi i x \cdot k} \tag{6}$$

其中 $x \in [0,1]^2$.

假设 $F(x)$ 可以写成式(6)的形式,则对任意 $m \in \mathbf{Z}^2$ 有

$$\int_{[0,1]^2} e^{-2\pi i x \cdot m} F(x) \, \mathrm{d}x$$
$$= \int_{[0,1]^2} e^{-2\pi i x \cdot m} \sum_{k \in \mathbf{Z}^2} e^{2\pi i x \cdot k} c_k \, \mathrm{d}x$$
$$= \sum_{k \in \mathbf{Z}^2} c_k \int_{[0,1]^2} e^{-2\pi i x \cdot (m-k)} \, \mathrm{d}x$$
$$= c_m$$

这是由于当 $k \neq m$ 时,有

$$\int_{[0,1]^2} e^{-2\pi i x \cdot (m-k)} \, \mathrm{d}x = 0 \tag{7}$$

114

而当 $k=m$ 时上式为 1,从而我们证明了以下引理.

引理 1　假设 $F(x)$ 是周期函数,即

$$F(x) = \sum_{k \in \mathbf{Z}^2} c_k \mathrm{e}^{2\pi \mathrm{i} x \cdot k}$$

且

$$\sum_k |c_k| < \infty$$

则

$$c_m = \int_{[0,1]^2} \mathrm{e}^{-2\pi \mathrm{i} x \cdot m} F(x) \mathrm{d}x$$

从现在开始我们称 c_m 为 F 的傅里叶系数. 没错,
没错,关于傅里叶系数有一整套理论,但是与估计圆
内整点无关,所以我们不准备涉及.

若把 $N_x(t)$ 写成

$$N_x(t) = \sum_{k \in \mathbf{Z}^2} c_k(t) \mathrm{e}^{2\pi \mathrm{i} x \cdot k}$$

则有

$$\begin{aligned}
c_m(t) &= \int_{[0,1]^2} \mathrm{e}^{-2\pi \mathrm{i} x \cdot m} N_x(t) \mathrm{d}x \\
&= \int_{[0,1]^2} \mathrm{e}^{-2\pi \mathrm{i} x \cdot m} \sum_{n \in \mathbf{Z}^2} \chi_{tD}(x-n) \mathrm{d}x \\
&= \sum_{n \in \mathbf{Z}^2} \int_{[0,1]^2} \mathrm{e}^{-2\pi \mathrm{i} x \cdot m} \chi_{tD}(x-n) \mathrm{d}x \\
&= \sum_{n \in \mathbf{Z}^2} \int_{[0,1]^2-n} \mathrm{e}^{-2\pi \mathrm{i} x \cdot m} \mathrm{e}^{2\pi \mathrm{i} n \cdot m} \chi_{tD}(x) \mathrm{d}x \\
&= \int_{\mathbf{R}^2} \mathrm{e}^{-2\pi \mathrm{i} x \cdot m} \chi_{tD}(x) \mathrm{d}x \\
&= \int_{\mathbf{R}^2} \mathrm{e}^{-2\pi \mathrm{i} x \cdot m} \chi_D(x/t) \mathrm{d}x
\end{aligned}$$

115

$$= t^2 \int_{\mathbf{R}^2} \mathrm{e}^{-2\pi \mathrm{i} x \cdot tm} \chi_D(x) \mathrm{d}x$$

$$= t^2 \hat{\chi}_D(tm)$$

其中最后一步是根据 $\hat{\chi}_D$ 的定义得到的. 从而我们证明了 $N_x(t)$ 的傅里叶系数为

$$c_m(t) = t^2 \hat{\chi}_D(tm)$$

令

$$N_x^*(t) = t^2 \sum_{m \in \mathbf{Z}^2} \mathrm{e}^{2\pi \mathrm{i} x \cdot m} \hat{\chi}_D(tm)$$

如果我们能够证明上式右端在适当意义之下的确是个函数,然后再证明

$$N_x(t) = N_x^*(t)$$

那么我们就得到了 $N_x(t)$ 的一个漂亮表达式

$$N_x(t) = \sum_{n \in \mathbf{Z}^2} \chi_{tD}(x-n) = t^2 \sum_{m \in \mathbf{Z}^2} \mathrm{e}^{2\pi \mathrm{i} x \cdot m} \hat{\chi}_D(tm)$$

$$(10)$$

以及

$$N(t) = t^2 \sum_{m \in \mathbf{Z}^2} \hat{\chi}_D(tm) \qquad (11)$$

在使用这两个公式之前我们需要补充一些细节,首先注意到

$$\int_{[0,1]^2} | N_x^*(t) - \pi t^2 |^2 \mathrm{d}x$$

$$= \int_{[0,1]^2} \left| t^2 \sum_{m \in \mathbf{Z}^2} \mathrm{e}^{2\pi \mathrm{i} x \cdot m} \hat{\chi}_D(tm) - \pi t^2 \right|^2 \mathrm{d}x$$

$$= t^4 \int_{[0,1]^2} \sum_{m \neq (0,0)} \sum_{m' \neq (0,0)} \mathrm{e}^{2\pi \mathrm{i} x \cdot (m-m')} \hat{\chi}_D(tm) \overline{\hat{\chi}_D(tm')} \mathrm{d}x$$

$$= t^4 \sum_{m \neq (0,0)} \sum_{m' \neq (0,0)} \hat{\chi}_D(tm) \overline{\hat{\chi}_D(tm')} \int_{[0,1]^2} \mathrm{e}^{2\pi \mathrm{i} x \cdot (m-m')} \mathrm{d}x$$

$$= t^4 \sum_{m \neq (0,0)} | \hat{\chi}_D(tm) |^2$$

$$\leqslant C t^4 t^{-3} \sum_{m \neq (0,0)} | m |^{-3} \leqslant C' t \qquad (12)$$

这是因为根据积分判别法,级数

$$\sum_{m \neq (0,0)} | m |^{-3}$$

收敛,并且

$$| \hat{\chi}_D(tm) | \leqslant C \cdot (t | m |)^{-\frac{3}{2}}$$

如果能证明 $N_x(t) = N_x^*(t)$,那么根据式(12),定理 2 得证.那么如何证明 $N_x(t)$ 与 $N_x^*(t)$ 相等?作为两个函数,由式(9),$N_x(t)$ 的第 m 个傅里叶系数为 $t^2 \hat{\chi}_D(tm)$,而按照定义,$N_x^*(t)$ 的第 m 个傅里叶系数也是 $t^2 \hat{\chi}_D(tm)$.下面我们证明这两个函数必须是同一个.我们现在知道 $N_x(t) - N_x^*(t)$ 的傅里叶系数都是 0,这就意味着

$$\int_{[0,1]^2} (N_x^*(t) - N_x(t)) P(x) \mathrm{d}x = 0$$

对任意三角多项式 $P(x)$ 都成立.这里三角多项式指的是形如

$$P(x) = \sum_{k \in S \subset \mathbf{Z}^2} \alpha_k \mathrm{e}^{2\pi \mathrm{i} x \cdot k}$$

其中 α_k 为复数,S 为有限集.在后面,我们给出由此得出 $N_x(t) = N_x^*(t)$ 的证明概要.我们暂且承认这一事实,并注意到式(12),定理 2 得证.

接下来证明定理 1.先来看看证到哪里会卡壳.取 $x = (0,0)$,则

$$N(t) = N_{(0,0)}(t) = N_{(0,0)}^*(t) = t^2 \sum_{m \in \mathbf{Z}^2} \hat{\chi}_D(tm)$$

117

$$= \pi t^2 + t^2 \sum_{m \neq (0,0)} \hat{\chi}_D(tm)$$

从而

$$E(t) = t^2 \sum_{m \neq (0,0)} \hat{\chi}_D(tm)$$

还可得

$$\mid E(t) \mid \leqslant t^2 \sum_{m \neq (0,0)} \mid \hat{\chi}_D(tm) \mid \leqslant t^{\frac{1}{2}} \sum_{m \neq (0,0)} \mid m \mid^{-\frac{3}{2}}$$

问题就出在这里:级数 $\sum_{m \neq (0,0)} \mid m \mid^{-\frac{3}{2}}$ 发散. 怎么办? 加到无穷肯定不行,但是还有希望,为什么这么说? 一方面,我们的办法行不通是因为得到的级数发散,可另一方面,定理只要求证 $\mid E(t) \mid$ 的上界为 $t^{\frac{2}{3}}$ 就够了,而上式中已经有 $t^{\frac{1}{2}}$,所以说我们仍然有希望.

定义

$$N_R(t) = t^2 \sum_{m \neq (0,0)} \hat{\chi}_D(tm) \pi^{-1} \hat{\chi}_D(m/R)$$

你一定会问:怎么会想到考虑这么一个怪物? 这是因为从本书中读者至少明白一个道理,那就是"凡事都有代价". 如果我们把 $N_R(t)$ 定义成 $\mid m \mid \leqslant R$ 上的有限和而不是发散的无穷和,我们就需要弄清 N_R 的意思,为此我们就得想办法去掉 N_R 中的傅里叶系数. 这样的话可能还不如我们现在就先来处理这些傅里叶系数,说不定这么做会有助于我们理解 $N_R(t)$. 这里 $\hat{\chi}_D(m/R)$ 起的作用和取 $\mid m \mid \leqslant R$ 上的有限和差不多.

把 $N_R(t)$ 分解成

$$N_R(t) = \pi t^2 + E_R(t)$$

其中

$$E_R(t) = t^2 \sum_{m \neq (0,0)} \hat{\chi}_D(tm) \pi^{-1} \hat{\chi}_D(m/R)$$
$$= t^2 \sum_{1 \leqslant |m| \leqslant R} \hat{\chi}_D(tm) \pi^{-1} \hat{\chi}_D(m/R) +$$
$$t^2 \sum_{|m| > R} \hat{\chi}_D(tm) \pi^{-1} \hat{\chi}_D(m/R)$$
$$= \mathrm{I} + \mathrm{II}$$

利用相关定理以及

$$\pi^{-1} \mid \hat{\chi}_D(m/R) \mid \leqslant 1 \tag{13}$$

得到

$$\mid \mathrm{I} \mid \leqslant Ct^{\frac{1}{2}} \sum_{1 \leqslant |m| \leqslant R} \mid m \mid^{-\frac{3}{2}} \leqslant C't^{\frac{1}{2}} R^{\frac{1}{2}}$$

太好了！下面来估计 II.

引理 2　利用不等式

$$\mid \hat{f}(\xi) \mid = \left| \int_{\mathbf{R}^d} \mathrm{e}^{-2\pi \mathrm{i} x \cdot \xi} f(x) \mathrm{d}x \right| \leqslant \int_{\mathbf{R}^d} \mid f(x) \mid \mathrm{d}x$$

来验证不等式(13).

还可得

$$\mid \mathrm{II} \mid \leqslant Ct^{\frac{1}{2}} \sum_{|m| > R} \mid m \mid^{-3} R^{\frac{3}{2}} \leqslant C't^{\frac{1}{2}} R^{\frac{1}{2}}$$

因此

$$\mid E_R(t) \mid \leqslant Ct^{\frac{1}{2}} R^{\frac{1}{2}} \tag{14}$$

但问题是要估计的余式中并不含 R. 这就意味着，我们需要建立 $N_R(t)$ 的一个估计，使得我们能够将 R 的影响摆脱掉. 比如说如果我们可以取 $R = t^{\frac{1}{3}}$，那么定理 1 就得证了.

N_R 究竟等于什么？我们可以像证明定理 2 那样去硬算，但是这里却不需要，只要注意到以下关系式即可. 设 f 和 g 为 $\mathbf{R}^2$ 上的函数. 定义

$$f * g(x) = \int_{\mathbf{R}^2} f(x - y) g(y) \, \mathrm{d}y$$

考虑

$$\widehat{f * g}(\xi) = \int \mathrm{e}^{-2\pi i x \cdot \xi} \int_{\mathbf{R}^2} f(x - y) g(y) \, \mathrm{d}y \mathrm{d}x$$

$$= \iint \mathrm{e}^{-2\pi i (x - y) \cdot \xi} \mathrm{e}^{-2\pi i y \cdot \xi} f(x - y) g(y) \, \mathrm{d}y \mathrm{d}x$$

$$= \iint \mathrm{e}^{-2\pi i u \cdot \xi} \mathrm{e}^{-2\pi i v \cdot \xi} f(u) g(v) \, \mathrm{d}u \mathrm{d}v$$

$$= \hat{f}(\xi) \hat{g}(\xi)$$

有了这个等式,想想我们是如何证明定理 2 的. 我们关心的是傅里叶系数而不是 $N_x(t)$,而在证明定理 2 时我们实际上证明了:如果 ϕ 是一个足够好的函数,那么恒等式

$$\sum_{n \in \mathbf{Z}^2} \phi(n) = \sum_{k \in \mathbf{Z}^2} \hat{\phi}(k) \tag{15}$$

成立,其中

$$\hat{\phi}(\xi) = \int_{\mathbf{R}^2} \mathrm{e}^{-2\pi i x \cdot \xi} \phi(x) \, \mathrm{d}x$$

是 ϕ 的傅里叶变换,恒等式(15)称为泊松(Poisson)求和公式,它是初等傅里叶变换的一大亮点.

该等式对处理 $N_R(t)$ 有何帮助? 根据式(15)得

$$N_R(t) = t^2 \sum_{m \in \mathbf{Z}^2} \hat{\chi}_D(tm) \pi^{-1} \hat{\chi}_D(m/R)$$

$$= R^2 \sum_{n \in \mathbf{Z}^2} \chi_{tD} * x_{R^{-1}D}(n) \tag{16}$$

引理 3 通过直接计算验证 $t^2 \hat{\chi}_D(t \cdot)$ 的傅里叶变换是 $\chi_{tD}(\cdot)$,而 $\hat{\chi}_D(\cdot / R)$ 的傅里叶变换是 $R^2 \chi_{R^{-1}D}(\cdot)$.

有了式(16),不难证明

$$N(t) \leqslant N_R(t + R^{-1}) \qquad (17)$$

为什么说不难? 考虑函数 $V(x) = R^2 \chi_{tD} * \chi_{R^{-1}D}(x)$.
当 $|x| > t + R^{-1}$ 时,$V(x) \equiv 0$;当 $x \leqslant t + R^{-1}$ 时,
$V(x) \geqslant 1$.因此不等式(17)成立.

引理4　验证以上断言.

终于快到终点了! 我们有

$$N(t) = \pi t^2 + E(t)$$

$$N_R(t + R^{-1}) = \pi(t + R^{-1})^2 + E_R(t + R^{-1})$$

由以上两式,式(16)以及(15),我们得到

$$|E(t)| \leqslant C(tR^{-1} + |E_R(t)|) \qquad (18)$$

综合(14)以及(18)两式,并令 $R = t^{\frac{1}{3}}$,就得到

$$|E(t)| \leqslant Ct^{\frac{2}{3}}$$

于是定理1得证.

引理5　按以下步骤证明:若

$$\int_{[0,1]^2} |F(x)|^2 dx < \infty$$

并且 $F(x)$ 的所有傅里叶系数都为 0,那么 $F(x) \equiv 0$.

第一步,令

$$P_n(x) = \frac{1}{(n+1)^2} \frac{\sin^2(\pi(n+1)x_1)}{\sin^2(\pi x_1)} \cdot$$

$$\frac{\sin^2(\pi(n+1)x_2)}{\sin^2(\pi x_2)}$$

证明

$$\int_{[0,1]^2} P_n(x) dx = 1$$

并利用它证明:当 $n \to \infty$ 时

$$\int_{[0,1]^2} \mid F * P_n(x) - F(x) \mid^2 \mathrm{d}x \to 0 \qquad (19)$$

第二步，证明 $F * P_n(x)$ 是三角多项式. 提示：先证明 $P_n(x)$ 是三角多项式，然后利用

$$F * P_n(x) = \sum_{k \in \mathbf{Z}^2} c_k \hat{P}_n(k)$$

其中 c_k 为 $F(x)$ 的傅里叶系数.

第三步，由式(19)得

$$\int_{[0,1]^2} \mid F(x) \mid^2 \mathrm{d}x = 0$$

由于 $\mid F(x) \mid^2 \geqslant 0$，因此 $F(x) \equiv 0$.

引理 6 证明定理 1 在高维空间的推广. 具体地，设 B_d 为 $\mathbf{R}^d$ 中的单位球. 定义

$$N(t) = \#(tB_d \bigcap \mathbf{Z}^d)$$

证明

$$N(t) = \mid B_d \mid \cdot t^d + E(t)$$

其中

$$\mid E(t) \mid \leqslant Ct^{d-2+\frac{2}{d+1}}$$

引理 7 把单位圆盘换成下面的集合

$$D_m = \{x \in \mathbf{R}^2 : x_1^m + x_2^m \leqslant 1\}$$

其中 m 是大于 2 的偶数. 证明：以下形式的估计

$$N(t) = \#(tD_m \bigcap \mathbf{Z}^2) = t^2 \mid D_m \mid + E(t)$$

成立，其中

$$\mid E(t) \mid \leqslant Ct^{\gamma}$$

尽量找到最小的 γ. 你能证明 $\gamma = \dfrac{m-1}{m}$ 吗？这个结果属于 Durton Bandol. 跟以前一样，我决定不给你任何提示，你自己先找一个 γ，不一定要最好，然后再

慢慢改进.

引理 7 $E(t)$ 如式(1)中定义,证明

$$\left(R^{-1}\int_R^{2R}\mid E(t)\mid^2 \mathrm{d}t\right)^{\frac{1}{2}}\leqslant C\sqrt{R}$$

提示:不加证明地利用下面的结论

$$\hat{X}_D(\xi)=C\mid\xi\mid^{-\frac{3}{2}}\cos\left(2\pi\left(\mid\xi\mid-\frac{1}{8}\right)\right)+O(\mid\xi\mid^{-\frac{5}{2}})$$

顺便提一下,你其实可以证明对任意 $\varepsilon>0$,存在一个常数 $C_\varepsilon>0$,使得

$$\left(R^{-1}\int_R^{2R}\mid E(t)\mid^4 \mathrm{d}t\right)^{\frac{1}{2}}\leqslant C_\varepsilon R^{\frac{1}{2}+\varepsilon}$$

在证明本引理的过程中你会遇到环形区域上整点数的问题. 关于这个问题本书不打算说太多,读者可以自己上网搜索.

引理 8 提到环形,试用本章的结论证明:若 $h\geqslant CR^{-\frac{1}{3}}$,则

$$\#\{m\in\mathbf{Z}^2:R\leqslant\mid m\mid\leqslant R+h\}\geqslant CRh$$

提示

$$\#\{m\in\mathbf{Z}^2:R\leqslant\mid m\mid\leqslant R+h\}=N(R+h)-N(R)$$

注 记

我们说过,整点问题中最重要的是哈代猜想:对任意 $\varepsilon>0$,有

$$\mid E(t)\mid\leqslant Ct^{\frac{1}{2}+\varepsilon}$$

目前最好的结果是把上式中的 $\frac{1}{2}$ 换成 $\frac{5}{8}$(注:实际上

最好的结果是 $\frac{131}{208}$,2003 年由英国数学家 Huxley 得到). 哈代猜想的彻底解决似乎遥遥无期.

三维的情形也同样困难,人们的猜想是

$$| E(t) | \leqslant Ct^{1+\varepsilon}$$

目前最好的结果属于英国数学家 Heath-Brown,即

$$| E(t) | \leqslant Ct^{\frac{19}{15}}$$

距离猜想的最终解决同样很远.

令人惊讶的是,高维的情形已经解决,当 $d \geqslant 5$ 时

$$| E(t) | \leqslant Ct^{d-2}$$

当 $d = 4$ 时

$$| E(t) | \leqslant Ct^2 \log^2(t)$$

除了四维时 $\log(t)$ 的指数外,以上两个结果都不可改进. 高维情形更为简单的原因之一可能是因为在高维时存在以下漂亮的估计:设 $d \geqslant 5$, R 是一个整数的平方根,则存在常数 C_1, $C_2 > 0$,使得

$$C_1 R^{d-2} \leqslant \#(RS^{d-1} \bigcap \mathbf{Z}^d) \leqslant C_2 R^{d-2}$$

包含有理点的圆的特性[①]

第八章

A natural algebraic partition of the plane E^2 consists of the sets

$\mathscr{R} = \{(x, y): x \in \mathbf{R} \text{ and } y \in \mathbf{R}\}$

$[\mathbf{R} \equiv \text{rational numbers}]$

$\mathscr{I} = \{(x, y): x \in \mathbf{I} \text{ and } y \in \mathbf{I}\}$

$[\mathscr{I} \equiv \text{irrational numbers}]$

$\mathfrak{M} = E^2 - (\mathscr{R} \cup \mathscr{I})$

The distribution of these points throughout the plane has been widely studied and described in many ways; in particular, each set is everywhere dense, 0-dimensional, etc. A natural question concerning the distribution of these points

① 刘培杰数学工作室. 尘封的经典——初等数学经典文献选读 (第一卷)[M]. 哈尔滨:哈尔滨工业大学出版社,2012.

is how these points are situated on circles centered at the origin. For example, if $C(r)$ denotes the circle of radius r centered at the origin, do there exist radii r, such that $C(r)$ contains only finitely many points of one of these three sets, and for which values of r is each of the sets dense on $C(r)$? In what follows, we completely characterize the distribution of the sets $\mathscr{R}$, $\mathscr{I}$, and $\mathscr{M}$ on circles centered at the origin using only elementary techniques from calculus, number theory, and the theory of Diophantine equations. Our main results are listed below as Theorems 1, 2, and 3.

THEOREM 1. *If r is rational, then $\mathscr{R}$, $\mathscr{I}$, and $\mathscr{M}$ are dense on $C(r)$.*

THEOREM 2. *If r^2 is irrational, then $\mathscr{I}$ and $\mathscr{M}$ are dense on $C(r)$, but $\mathscr{R} \bigcap C(r) = \varnothing$.*

THEOREM 3. *If r is irrational, but $r^2 = p/q$ is rational, then $\mathscr{I}$ and $\mathscr{M}$ are dense on $C(r)$, and*

(a) $\mathscr{R} \bigcap C(r) = \varnothing$ *if pq is not the sum of two square integers,*

(b) $\mathscr{R}$ *is dense on $C(r)$ if pq is the sum of two square integers.*

An interesting corollary is the following:

COROLLARY 4. *If C is any circle centered at the origin, then $\mathscr{R}$ is dense on C if $\mathscr{R} \bigcap C \neq \varnothing$.*

To verify these results we prove a series of

lemmas; the first two of these lemmas are obvious and are listed without proof.

LEMMA 1. *Given any positive real number* r , $\mathscr{I}$ *is dense on* $C(r)$.

LEMMA 2. *If* r^2 *is irrational* , *then* $C(r) \bigcap \mathscr{R} = \varnothing$ *and consequently both* $\mathscr{I}$ *and* $\mathfrak{M}$ *are dense on* $C(r)$.

If a , b , c are natural numbers with $a^2 - b^2 = c^2$, then (a, b, c) is called a *Pythagorean triple*. The set $P = \{b/a: (a, b, c)$ is a Pythagorean triple$\}$ and is called the set of *Pythagorean ratios*.

LEMMA 3. *P is dense on* $[0, 1]$.

Proof. If (a, b, c) is a Pythagorean triple, then a , b , and c can be represented parametrically as

$$a = r^2 + s^2$$
$$b = 2rs$$
$$c = r^2 - s^2$$

where r and s are relatively prime integers and $r > s$. It follows that

$$b/a = 2rs/(r^2 + s^2) = 2(s/r)/(1 + (s/r)^2)$$

As the function $f(x) = 2x/(1 + x^2)$ for $0 \leqslant x \leqslant 1$ is continuous and has $[0, 1]$ as its range, the lemma follows by noting that $\{s/r: r > s,\ r$ and s are relatively prime$\}$ is dense on $[0, 1]$.

LEMMA 4. *If* r *is rational* , *then* $\mathscr{R}$ *and* $\mathfrak{M}$ *are dense on* $C(r)$.

Proof. In order to find points of $\mathscr{R}$ on $C(r)$, we

127

will suppose that the abscissa of a point on $C(r)$ is rational and obtain conditions on the ordinate that it too might be rational. Let $x = p/q$ and suppose $r = m/n$ where p, q, m, $n \in \mathbf{Z}(\mathbf{Z} \equiv \text{integers})$. If the point (x, y) is on $C(r)$, then

$$y^2 = r^2 - x^2 = m^2/n^2 - p^2/q^2 = (q^2 m^2 - n^2 p^2)/(n^2 q^2) \qquad (1)$$

The numerator of (1) will be a perfect square if $p = bm$ and $q = an$ where (a, b, c) is a Pythagorean triple $(a^2 - b^2 = c^2)$. In this case

$$q^2 m^2 - n^2 p^2 = m^2 n^2 (a^2 - b^2) = m^2 n^2 c^2$$

$$\text{and hence } y = \pm mc/q \qquad (2)$$

It follows, then, from Lemma 3 that $\mathcal{R}$ is dense on $C(r)$.

Under closer inspection of (2) we note that if $p = bm$ and $q = an$ where (a, b, c) is not a Pythagorean triple then y is not rational and consequently, $(x, y) \in \mathfrak{M} \bigcap C(r)$. Further, for a given rational number a, the number of Pythagorean triples with a as first entry is at most $\sqrt{a}$, and $\lim_{a \to \infty} \sqrt{a}/a = 0$. It follows that $\{b/a : a^2 - b^2$ is not a perfect square$\}$ is dense on $[0, 1]$, and hence $\mathfrak{M}$ is dense on $C(r)$.

Theorems 1 and 2 now follow from the first four lemmas which characterize all cases except when the radius of $C(r)$ is the square root of a rational

number. This final investigation, interestingly enough, splits into two subcases depending on the form of the rational number whose square root is the radius in question.

LEMMA 5. *If* $r = \sqrt{p/q}$ *and* pq *is not the sum of two squares, then* $C(r) \cap \mathscr{R} = \varnothing$.

Proof. The proof hinges on the following elementary result from the theory of Diophantine equations:

The integer n *is the sum of two squares if and only if, in the prime factorization of* n, *primes of the form* $4k+3$ *have even powers.*　　(∗)

Now, suppose $(x, y) \in \mathscr{R} \cap C(r)$, then

$$x^2 + y^2 = r^2 = p/q \quad \text{or} \quad (qx)^2 + (qy)^2 = pq \quad (3)$$

It follows, by multiplying (3) by the square of the least common denominator of x and y, that there is an integral solution to

$$X^2 + Y^2 = (pq)Z^2 \qquad (4)$$

As pq is not the sum of squares, it follows from (∗) that there is a prime of the form $4k+3$ which divides pq an odd number of times. Consequently, the prime factorization of the right hand side of (4) contains a prime of the form $4k+3$ raised to an odd power. However, (∗) also entails that the prime factorization of the left hand side of (4) contains primes only of the form $4k+3$ raised to even powers.

This contradicts the fact that $(x, y) \in \mathscr{R} \bigcap C(r)$ and the lemma is proved.

LEMMA 6. *If $r = \sqrt{p/q}$ and pq is the sum of two squares, then $\mathscr{R}$ and $\mathfrak{M}$ are dense on $C(r)$.*

Proof. In order to show $\mathscr{R} \bigcap C(r) \neq \varnothing$ we must find rational numbers x and y such that

$$x^2 + y^2 = r^2 = p/q \quad \text{or} \quad (qx)^2 + (qy)^2 = pq \quad (5)$$

Now, let $m = pq$ and suppose $x = u/v$ is rational. Then

$$y^2 = (v^2 m - u^2)/v^2 \tag{6}$$

and (6) has a rational solution for y if and only if $v^2 m - u^2$ is a perfect square. Consequently, we're led to find integral solutions of the equation

$$X^2 + Y^2 = mZ^2 \tag{7}$$

As m is the sum of two squares, $m = n_1^2 + n_2^2 (n_1 < n_2)$ and we let

$$X = n_1 r + n_2 s, \text{ and } Y = n_2 r - n_1 s \tag{8}$$

Then,

$$X^2 + Y^2 = (n_1^2 + n_2^2)r^2 + (n_1^2 + n_2^2)s^2 = m(r^2 + s^2) \tag{9}$$

It follows immediately that (9), and consequently (7), has a solution if and only if r and s are the "legs" of a Pythagorean triple. Parametrically then, let

$$r = a^2 - b^2 \text{ and } s = 2ab$$

so that

130

$$x = n_1(a^2 - b^2) + n_2(2ab)$$

$$Y = n_2(a^2 - b^2) - n_1(2ab)$$

$$Z = a^2 + b^2 \tag{10}$$

Then if $u = X$ and $v = Z$, the x value of u/v yields the rational y value of $\pm\sqrt{mq^2 - p^2}/q$. This, of course, shows that $x^2 + y^2 = m$ contains an infinitude of rational solutions and, hence, $C(r) \cap \mathcal{R}$ is infinite. To show that $\mathcal{R}$ is dense on $C(r)$ we use the technique introduced in Lemma 3. Let

$$f(x) = n_1 + 2(n_2 x - n_1)/(x^2 + 1) \quad 0 \leqslant x \leqslant 1 \tag{11}$$

Then as the set of Pythagorean ratios P is dense on $[0, 1]$, $f(P)$ is dense in the range of f. As f is continuous, its range is a closed interval whose left endpoint is easily seen to be less than zero. Using elementary calculus to compute the maximum value of f on $[0, 1]$ we find that this maximum is $\sqrt{m}$ and occurs at $x^* = (n_1 + \sqrt{m})/n_2$. That is, $f(P)$ is dense on $[0, \sqrt{m}]$. But, if $a/b \in P$, then

$$\begin{aligned}
f(a/b) &= n_1 + 2(n_2(a/b) - n_1)/((a/b)^2 + 1) \\
&= n_1 + 2b(n_2 a - n_1 b)/(a^2 + b^2) \\
&= [n_1(a^2 - b^2) + n_2(2ab)]/(a^2 + b^2) \\
&= u/v \tag{12}
\end{aligned}$$

And these u/v are precisely the x values which yield rational y values. It follows, from this and the symmetry of $C(r)$, that $\mathcal{R}$ is dense on $C(r)$.

The proof that $\mathfrak{M}$ is also dense on $C(r)$ is strictly analogous to the proof given in Lemma 4. This completes the proof of Lemma 6.

The last of our main results, Theorem 3, follows directly from Lemmas 5 and 6 and our task is complete.

第 二 篇

广义维诺格拉多夫二次型在圆球内的整点个数问题

问题的研究背景及相关结果

第九章

1. 背景

维诺格拉多夫（Vinogradov）二次型被许多作者研究过，也被推广到很多不同的形式. 维诺格拉多夫二次型定义为如下形式

$$\begin{cases} x_1 + x_2 + x_3 = y_1 + y_2 + y_3 \\ x_1^2 + x_2^2 + x_3^2 = y_1^2 + y_2^2 + y_3^2 \end{cases} \quad (1)$$

更一般的形式定义为如下的方程组

$$\begin{cases} x_{1,1} + x_{2,1} + x_{3,1} = x_{1,i} + x_{2,i} + x_{3,i} \, (2 \leqslant i \leqslant k) \\ x_{1,1}^2 + x_{2,1}^2 + x_{3,1}^2 = x_{1,i}^2 + x_{2,i}^2 + x_{3,i}^2 \, (2 \leqslant i \leqslant k) \end{cases}$$
$$(2)$$

我们可以比较式（1）和式（2），发现式（1）仅仅是式（2）在 $k=2$ 时的特殊情形. 许多的作者研究了这一问题，得到了许多有价值的结果.

135

这一问题最古典的形式是研究满足一定条件的下述方程的解的性质

$$x_1^k + x_2^k = x_3^k + x_4^k \qquad (3)$$

其中 $k \geqslant 2$ 为一固定的整数,若我们计算满足下列条件的方程解的性质

$$(x_1, x_2, x_3, x_4), \quad |x_i| \leqslant N \qquad (4)$$

就会发现当 $k = 2$ 和 $k > 2$ 时,方程整数解的分布有很不一样的性质.

将方程解满足条件 $x_1 = x_3, x_2 = x_4$ 或者 $x_1 = x_4$,$x_2 = x_3$ 称之为对角线上的解. Hooley(见文[4—6])证明了当 $k \geqslant 3$ 时有 $4N^2$ 个整数解满足式(4)在对角线上,但是不在对角线上的解的个数的阶要低一些. 但是当 $k = 2$ 时情形又有不同. 大约有 $N^2 \log N$ 个整数解满足方程(4),而不在对角线上的整数解的个数不占主导地位.

另外,若我们考虑当 $k = 2$ 时满足方程(4)素数解的个数,那么我们会得到另外一些不同的结果. Erdös(见文[11])首先观察到大约有 $2N^2(\log N)^{-2}$ 个素数解在对角线上,但是在其他的情形下只有 $O(N^2(\log N)^{-3}(\log\log N)^6)$ 个素数解. 这一现象在文[2]中被描述为 prime paucity,这一现象对于下述方程也成立

$$x_1^2 + x_2^2 = x_3^2 + x_4^2 = x_5^2 + x_6^2 \qquad (5)$$

若用 $V(N)$ 来表示方程(5)满足 $x_i \in [1, N]$ 个素数解的个数. V. Blomer 和 J. Brüdern(见文[1])得到如下结果

136

$$V(N) = 4\pi N^2 + O\left(N^2\, \frac{(\log\log N)^6}{(\log N)^3}\right)$$

类似的,若我们用 $V_p(N)$ 来表示方程(1)满足 $x_i \in [1,N]$ 的解的个数,那么 V. Blomer 和 J. Brüdern(见文[2])得到如下的定理

$$V_p(N) = 6\pi N^3 + O(N^3 (\log N)^{-5} (\log\log N)^6)$$

随后,Rogovskaya(见文[8])用初等方法考虑了方程(1)在矩形内的整数解,V. Blomer 和 J. Brüdern 改进了这一结果,并且得到了更好的渐进公式. 若我们用 $V^+(N)$ 来表示方程(1)在矩形内 $|x_i| \leqslant N$, $|y_i| \leqslant N, 1 \leqslant i \leqslant 3$ 整数解的个数,V. Blomer 和 J. Brüdern(见文[3])得到如下的结果

$$V^+(N) = \frac{18}{\pi^2} N^3 \log N + \frac{3}{\pi^2}\left(12\gamma - 6\,\frac{\zeta'(2)}{\zeta(2)} - 5\right) N^3 +$$

$$O(N^{5/2} \log N) \tag{6}$$

同样的,若我们考虑一般形式的方程组(2)在圆球内的整点个数,那么我们可以得到维诺格拉多夫二次型推广形式的一般解. 若我们用 $V_k(N)$ 来表示方程组(2)满足下列条件在圆球内的整点个数

$$x_{1,i}^2 + x_{2,i}^2 + x_{3,i}^2 \leqslant 3N^2 \quad (1 \leqslant i \leqslant k) \tag{7}$$

V. Blomer 和 J. Brüdern(见文[7])得到如下的定理:

令 $k \geqslant 2$ 为一自然数. 那么,对于任何实数 δ,满足 $0 < \delta < 3/2^k$,我们有

$$V_k(N) = N^3 P_k(\log N) + O(N^{3-\delta}) \tag{8}$$

其中 P_k 为一次数为 $2^{k-1} - 1$ 的多项式. 特别的,$P_2(x) = 48(x + c)$,其中

$$c = \gamma + \frac{1}{2}\log 2 + \log 3 - \frac{4}{3} + \frac{L'(1,\chi)}{L(1,\chi)} - \frac{\zeta'(2)}{\zeta(2)}$$

以及其中 χ 为非显然的模 3 的狄利克雷（Dirichlet）特征. 而且

$$V_2(N) = N^3 P_2(\log N) + O(N^2 \log N)$$

对于方程组（2）考虑其在满足 $|x_{l,i}| \leqslant N, 1 \leqslant l \leqslant 3, 1 \leqslant i \leqslant k$ 条件下，令 $V_k(N)$ 满足在矩形内的整点的个数. 通过对方程组（2）的细致观察，我们发现

$$V_k\left(\frac{N}{\sqrt{3}}\right) \leqslant \widetilde{V}_k(N) \leqslant V_k(N)$$

很显然从式（8），我们有如下的表达式

$$\widetilde{V}_k(N) \asymp N^3 \mathcal{L}^{2^{k-1}-1} \tag{9}$$

通过对（7）和（8）两式的比较，我们注意到不论是计算矩形内整点的个数还是圆球内整点的个数，我们都可以得到相同的主项. 这可以通过表达式（9）很容易的进行验证. 若我们在这一问题上不需要很精确的结果，也可以通过初等方法来处理，这对于很多应用方面的问题已经足够.

根据文章[7]中的处理方法，我们能够改进式（8）中的余项. 第一步将维诺格拉多夫二次型推广形式的方程组与二元一次型联系起来，然后运用截断形式的 Mellin 积分变换转化为积分的形式，进而通过柯西（Cauchy）留数定理计算出留数，根据 k 的不同的取值范围，通过对 $\zeta(s)$ 和 $L(s,\chi)$ 在水平线上的估计，或者运用 $\zeta(s)$ 和 $L(s,\chi)$ 高次均值估计，最后通过选取恰当的参数，我们可以得到余项新的估计.

若我们假设 Lindelöf 猜想对于 $\zeta(s)$ 和 $L(s,\chi)$ 是

正确的,那么 $0 < \delta < 1$ 就可以成立.若对于 $\zeta(s)$ 和 $L(s,\chi)$ 在水平线上有更好的估计,那么我们就能进一步改进式(8)余项的大小,但是我们需要在这一方向上有新的结果.

2. 主要的研究结果

在本节中,我们介绍本篇的主要研究结果.根据文[7]中的想法,主要通过 $\zeta(\sigma+it)$ 在 $\frac{1}{2} \leqslant \sigma \leqslant 1$ 上水平线上的估计,$\zeta(\sigma+it)$ 的均值估计以及 Phragmén-Lindelöf 凸性原理,对 Mellin 反转积分公式中的积分进行估计,得到如下新的定理:

定理 1　令 $k \geqslant 2$ 为一自然数,当 $k=2,3$ 时,对于任何实数 δ 满足

$$0 < \delta < \frac{21}{13 \cdot 2^{k-1}}$$

我们有

$$V_k(N) = N^3 P_k(\log N) + O(N^{3-\delta}) \qquad (10)$$

其中 P_k 为一次数为 $2^{k-1}-1$ 的多项式.

定理 2　令 $k \geqslant 2$ 为一自然数.当 $k \geqslant 4$ 时,对于任何实数 δ 满足

$$0 < \delta < \frac{63}{13 \cdot 2^{k-1}}$$

我们有

$$V_k(N) = N^3 P_k(\log N) + O(N^{3-\delta}) \qquad (11)$$

其中,P_k 为一次数为 $2^{k-1}-1$ 的多项式.特别的,$P_2(x) = 48(x+c)$,其中

$$c = \gamma + \frac{1}{2}\log 2 + \log 3 - \frac{4}{3} + \frac{L'(1,\chi)}{L(1,\chi)} - \frac{\zeta'(2)}{\zeta(2)}$$

以及 χ 为模 3 的非显然狄利克雷特征. 进而

$$V_2(N) = N^3 P_2(\log N) + O(N^2 \log N)$$

定理 3 令 $k \geqslant 3$ 为一自然数. 如果 Lindelöf 猜想对 $\zeta(s)$ 和 $L(s,\chi)$ 是正确的, 那么对于任何实数 δ 满足 $0 < \delta < 1$, 我们有

$$V_k(N) = N^3 P_k(\log N) + O(N^{3-\delta}) \qquad (12)$$

研究该问题所需的引理

第十章

这一章我们主要介绍证明第九章中的定理所需要的一些函数的性质,相关的引理以及现有的研究现状.

1. 引理的约化

首先,我们介绍一些预备性的知识,为后面需要证明的引理做准备.令 $k \geqslant 2$ 为一自然数.若我们定义 χ 模 3 的狄利克雷特征,并且定义 $r(n) = \sum_{d \mid n} \chi(d)$. 由于 $r(n)^k$ 是可乘函数,我们可以比较欧拉(Euler)乘积发现

$$\sum_{n=1}^{\infty} \frac{r(n)^k}{n^s} = G_k(s)(\zeta(s)L(s,\chi))^K \quad (1)$$

其中 $K = 2^{k-1}$ 和 $s = \sigma + it$ 为一复数.而且我们有

$$G_k(s) = \left(1 - \frac{1}{3^s}\right)^{K-1} \prod_{p \equiv 1(3)} \left(\sum_{m=0}^{\infty} \frac{(m+1)^k}{p^{ms}}\right) \cdot$$
$$\left(1 - \frac{1}{p^s}\right)^{2K} \prod_{p \equiv 2(3)} \left(1 - \frac{1}{p^{2s}}\right)^{K-1}$$

函数 G_k 在满足 $\Re s \geqslant \frac{1}{2} + \delta$ 对于任意 $\delta > 0$ 的半平面上全纯,非零以及一致有界(见文[23]).

我们需要以下的公式

$$\int_0^M (M-x)^{\frac{1}{2}} x^{s-1} \mathrm{d}x = \frac{\sqrt{\pi}\,\Gamma(s)}{2\Gamma(s + \frac{3}{2}) M^{s+\frac{1}{2}}} \qquad (2)$$

其中 $M > 0$ 和 $\Re s > 0$(参见文[15]).

根据 Aleksandar Ivic's 书的附录(参见文[18]),我们有如下的 Mellin 反转公式

$$\frac{1}{\Gamma(q+1)} \sum_{n \leqslant x} a_n (x-n)^q = \frac{1}{2\pi\mathrm{i}} \int_{(c)} \frac{\Gamma(s)A(s)}{\Gamma(s+q+1)} x^{s+q} \mathrm{d}s$$

$$(3)$$

其中 q 为一固定的正数,以及

$$A(s) = \sum_{n=1}^{\infty} a_n n^{-s} \qquad (4)$$

其中式(4)在半平面 $\mathrm{Re}\,s > c$ 绝对收敛.

若我们在式(3)中取 $a_n = r(n)^k$ 和 $q = \frac{1}{2}$,那么式(1)在半平面 $\mathrm{Re}\,s > 1$ 绝对收敛,所以我们推导出

$$\sum_{n \leqslant M} (M-n)^{\frac{1}{2}} r^k(n)$$
$$= \frac{1}{2\pi\mathrm{i}} \int_{(2)} \frac{\sqrt{\pi}\,\Gamma(s)}{2\Gamma(s+\frac{3}{2})} G_k(s) (\zeta(s) L(s,\chi))^K M^{s+\frac{1}{2}} \mathrm{d}s$$

$$(5)$$

其中我们运用了公式 $\Gamma(s+1)=s\Gamma(s)$ 和 $\Gamma\left(\dfrac{1}{2}\right)=\pi^{\frac{1}{2}}$.

在下一节的引理中我们需要将重点估计式（5）中的积分，这对于定理的证明起着关键性的作用.

积分（5）的估计在经典解析数论中属于常见的积分估计，这类估计的主要想法是寻找被积函数可能存在的极点，然后运用留数定理的围道积分计算出留数，这时个数就是积分公式的主项，其他的积分项需要根据函数在临界线附近的阶的大小进行计算，从而可以得到积分的主项和余项.

2. 相关引理

引理 1　令 $k\geqslant 2$，$K=2^{k-1}$. 若我们定义 χ 模 3 的狄利克雷特征，并且定义 $r(n)=\sum\limits_{d\mid n}\chi(d)$，那么

$$\sum_{m\leqslant M}r(m)^k\ll M(\log M)^{K-1} \tag{6}$$

证明　令 f 为任意的二元二次型，我们定义 $r_f(n)$ 为整数 n 由 f 表示的不等价的表示法的个数. 我们定义 $K=2^{k-1}$. 根据文[13]的定理 3，我们有

$$\sum_{n\leqslant x}r_f(n)^k\asymp x(\log x)^{K-1}\quad(x\to\infty) \tag{7}$$

根据式（7）我们知道

$$\sum_{m\leqslant M}r(m)^k\ll M(\log M)^{K-1} \tag{8}$$

证毕.

引理 2　令 σ_k 为满足 $\zeta(\sigma+it)$ 均值公式中 σ 的下确界，对于任意的 $\varepsilon>0$ 它满足

$$\int_1^T\mid\zeta(\sigma+it)\mid^{2k}\ll T^{1+\varepsilon} \tag{9}$$

143

那么有 $\sigma_k \leqslant (k+1)/2k$.

证明　参见文[18],365 页.

引理 3　定义 $\mu\left(\dfrac{1}{2}\right)$ 为满足 $\sigma\left(\dfrac{1}{2}+\mathrm{i}t\right) \ll t^c$ 下确界 c 的实数,那么我们有

$$\mu\left(\frac{1}{2}\right) \leqslant \frac{13}{84} \tag{10}$$

证明　参见文[36].

引理 4　定义 $\mu(c)$ 为满足 $\sigma(\sigma+\mathrm{i}t) \ll t^c$ 下确界 c 的实数,且 $0 \leqslant \sigma \leqslant 1$,那么 $\mu(\sigma)$ 是连续的,非递增的并且对于 $\sigma_1 \leqslant \sigma \leqslant \sigma_2$,我们有

$$\mu(\sigma) \leqslant \mu(\sigma_1)\frac{\sigma_2-\sigma}{\sigma_2-\sigma_1} + \mu(\sigma_2)\frac{\sigma-\sigma_1}{\sigma_2-\sigma_1} \tag{11}$$

证明　参见文[18],25 页.

引理 5　令 $k \geqslant 2$ 和 $K=2^{k-1}$. 若我们定义 χ 模3的狄利克雷特征,并且定义 $r(n)=\displaystyle\sum_{d\mid n}\chi(d)$,当 $k=2,3$,那么存在次数为 $K-1$ 的多项式 $Q_k,\widetilde{Q}_k$

$$\sum_{m\leqslant M}(M-m)^{\frac{1}{2}}r(m)^k = M^{\frac{3}{2}}Q_k(\log M) + O(M^{\frac{3}{2}-\eta}) \tag{12}$$

和

$$\sum_{\substack{m\leqslant M \\ 3\nmid m}}(M-m)^{\frac{1}{2}}r(m)^k = M^{\frac{3}{2}}\widetilde{Q}_k(\log M) + O(M^{\frac{3}{2}-\eta}) \tag{13}$$

满足对于任意实数 $\eta < \dfrac{21}{26K}$.

证明　现在我们记等式(12)右端的积分为 S,根

据上一节的推导，我们有

$$S = \frac{1}{2\pi i}\left\{\int_{2-iT}^{2+iT} + \int_{2-i\infty}^{2-iT} + \int_{2+iT}^{2+i\infty}\right\} \frac{\sqrt{\pi}\,\Gamma(s)}{2\Gamma(s+\frac{3}{2})} \cdot$$

$$G_k(s)(\zeta(s)L(s,\chi))^K M^{s+\frac{1}{2}}\mathrm{d}s$$

$$= M_1 + M_2 + M_3 \tag{14}$$

首先，我们估计积分 M_2 和 M_3. 那么斯特林 (Stirling) 公式叙述如下

$$\Gamma(s) = \mathrm{e}^{(s-\frac{1}{2})\log s - s}(2\pi)^{\frac{1}{2}}(1 + O(|s|^{-1}))$$

其中 $\Gamma(s)$ 在半平面 $\Re s > 0$ 上解析. 那么我们有如下的公式

$$\frac{\Gamma(s)}{\Gamma(s+\frac{3}{2})} \ll |s|^{-\frac{3}{2}} \tag{15}$$

接着我们可以得到下列估计

$$M_2 + M_3 \ll \int_{2+iT}^{2+i\infty} |s|^{-\frac{3}{2}} M^{s+\frac{1}{2}}\mathrm{d}s$$

$$\ll \int_T^\infty t^{-\frac{3}{2}} M^{2+\frac{1}{2}}\mathrm{d}t$$

$$\ll M^{\frac{5}{2}} T^{-\frac{1}{2}} \tag{16}$$

然后我们重写 S 如下的形式

$$S = \frac{1}{2\pi i}\int_{2-iT}^{2+iT} \frac{\sqrt{\pi}\,\Gamma(s)}{2\Gamma(s+\frac{3}{2})} G_k(s)(\zeta(s)L(s,\chi))^K M^{s+\frac{1}{2}}\mathrm{d}s + O\left(\frac{M^{\frac{5}{2}}}{T^{\frac{1}{2}}}\right)$$

现在我们处理积分 M_1，运用柯西留数定理，将围道进行平移并且计算出由极点产生的留数. 根据文 [7]，我们可以将围道移至 $\Re s > \kappa$，并且 $s=1$ 为积分 M_1 在矩形 $\kappa \leqslant \sigma \leqslant 2$ 和 $|t| \leqslant T$ 中阶是 K 的极点以及某

个稍后确定的常数满足 $\kappa \in (0,1)$.

我们计算 M_1 在极点 $s=1$ 处阶为 K 所产生的留数. 根据 $L(1,\chi) \neq 0$ 对于非显然的模 3 的狄利克雷特征, 以及计算阶为 K 的极点的留数公式, 陈述如下

$$\text{Re}\big[f(s),s_0\big] = \frac{1}{(m-1)!} \lim_{s \to s_0} \frac{\mathrm{d}^{m-1}}{\mathrm{d}s^{m-1}}\big[(s-s_0)^m f(s)\big]$$

其中 s_0 是 $f(s)$ 极点的阶为 m. 以及如下的事实

$$\lim_{s \to 1}(s-1)\zeta(s) = 1$$

和 $\zeta(s)$ 在 $s=1$ 处 Laurent 展开式

$$\zeta(s) = \frac{1}{s-1} + \gamma_0 + \gamma_1(s-1) + \gamma_2(s-1)^2 + \cdots$$

其中斯笛尔基斯 (Stieltjes) 常数 γ_k 由以下公式给出

$$\gamma_k = \frac{(-1)^k}{k!} \lim_{N \to \infty}\left(\sum_{m \leqslant N}\frac{\log^k m}{m} - \frac{\log^k N}{k+1}\right) \quad (k=0,1,2,\cdots)$$

加上求导的法则, 我们计算出在矩形内 $\kappa \leqslant \sigma \leqslant 2$ 和 $|t| \leqslant T$ 以及 $\kappa \in (0,1)$ 稍后确定的常数的留数为 $M^{\frac{3}{2}}Q_k(\log M)$, 其中 Q_k 为一次数 $K-1$ 的多项式.

因此, 根据柯西留数定理我们有 M_1 的如下估计

$$M_1 = \frac{1}{2\pi \mathrm{i}}\int_C \frac{\sqrt{\pi}\,\Gamma(s)}{2\Gamma(s+\frac{3}{2})}G_k(s)(\zeta(s)L(s,\chi))^K M^{s+\frac{1}{2}}\mathrm{d}s +$$

$$M^{\frac{3}{2}}Q_k(\log M) \tag{17}$$

其中 C 为用直线连接起来的围道 $2-\mathrm{i}T, \kappa-\mathrm{i}T, \kappa+\mathrm{i}T, 2+\mathrm{i}T$. 而且我们有

$$\int_C \frac{\sqrt{\pi}\,\Gamma(s)}{2\Gamma(s+\frac{3}{2})}G_k(s)(\zeta(s)L(s,\chi))^K M^{s+\frac{1}{2}}\mathrm{d}s$$

$$= \frac{1}{2\pi\mathrm{i}}\left\{\int_{2-\mathrm{i}T}^{\kappa-\mathrm{i}T} + \int_{\kappa-\mathrm{i}T}^{\kappa+\mathrm{i}T} + \int_{\kappa+\mathrm{i}T}^{2+\mathrm{i}T}\right\} \frac{\sqrt{\pi}\,\Gamma(s)}{2\Gamma\left(s+\dfrac{3}{2}\right)} \cdot$$

$$G_k(s)(\zeta(s)L(s,\chi))^K M^{s+\frac{1}{2}}\,\mathrm{d}s$$

$$:= J_1 + J_2 + J_3 \tag{18}$$

我们定义函数 $\mu(\sigma)$ 为满足 $c \geqslant 0$ 的 $\zeta(\sigma+\mathrm{i}t) \ll t^c$ 的下确界. 接着从 Aleksandar Ivic's 的书中的定理（参见文[18]，Chapter 1，Theorem 1.9），我们知道 $\mu(\sigma)$ 是连续的,非递增的,并且对于 $\sigma_1 \leqslant \sigma \leqslant \sigma_2$,我们有

$$\mu(\sigma) \leqslant \mu(\sigma_1)\frac{\sigma_2 - \sigma}{\sigma_2 - \sigma_1} + \mu(\sigma_2)\frac{\sigma - \sigma_1}{\sigma_2 - \sigma_1} \tag{19}$$

这里我们选取 $\sigma_2 = 1$ 和 $\sigma_1 = \dfrac{1}{2}$,我们知道 $\mu(1) = 0$ 以及 J.Bourgain 的最新的研究结果（参见文 [36]）$\mu\left(\dfrac{1}{2}\right) = \dfrac{13}{84}$），我们可以得到如下的估计

$$\mu(\sigma) \leqslant \frac{13}{42}(1-\sigma) \quad \left(\frac{1}{2} \leqslant \sigma \leqslant 1\right) \tag{20}$$

我们很容易得到

$$\zeta(\sigma+\mathrm{i}t) \ll_\varepsilon (1+|t|)^{\frac{13}{42}(1-\sigma)+\varepsilon} \quad \left(\frac{1}{2} \leqslant \sigma \leqslant 1, t \in \mathbf{R}\right) \tag{21}$$

以及我们知道 $L(s,\chi)$ 可以延拓到半平面 $\Re s > 0$,那么我们得到

$$\zeta(\sigma+\mathrm{i}t)L(\sigma+\mathrm{i}t,\chi) \ll_\varepsilon (1+|t|)^{\frac{13}{21}(1-\sigma)+\varepsilon}$$

$$\left(\frac{1}{2} \leqslant \sigma \leqslant 1, t \in \mathbf{R}\right) \tag{22}$$

现在我们估计 J_1 和 J_3

$$J_1 + J_3 \ll \int_\kappa^2 T^{-\frac{3}{2}} T^{\frac{13}{21}(1-\sigma)K} M^{\sigma+\frac{1}{2}} \, \mathrm{d}\sigma$$

$$\ll \max_{\kappa \leqslant \sigma \leqslant 2} T^{\frac{13}{21}K} \left(\frac{M}{T^{\frac{13}{21}K}} \right)^\sigma M^{\frac{1}{2}} T^{-\frac{3}{2}}$$

$$\ll \max_{\kappa \leqslant \sigma \leqslant 2} T^{\frac{13}{21}K-\frac{3}{2}} M^{\frac{1}{2}} \left(\frac{M}{T^{\frac{13}{21}K}} \right)^\sigma$$

$$\ll T^{\frac{13}{21}K-\frac{3}{2}} M^{\frac{1}{2}} \left(\frac{M}{T^{\frac{13}{21}K}} \right)^2 + T^{\frac{13}{21}K-\frac{3}{2}} M^{\frac{1}{2}} \left(\frac{M}{T^{\frac{13}{21}K}} \right)^\kappa$$

$$(23)$$

其中公式(23)的最后一行取指数为 2, 如果 $T^{\frac{13}{21}K} \leqslant M$, 在其他的情形下我们取 κ.

我们对 J_2 进行直接估计, 我们有

$$J_2 \ll \int_{-T}^T |\kappa + \mathrm{i}t|^{-\frac{3}{2}} ((1+t)^{\frac{13}{21}(1-\sigma)+\varepsilon})^K M^{\kappa+\frac{1}{2}+\mathrm{i}t} \, \mathrm{d}t$$

$$\ll \int_1^T M^{\kappa+\frac{1}{2}} t^{\frac{13}{21}(1-\kappa)K-\frac{3}{2}+\varepsilon} \, \mathrm{d}t + M^{\kappa+\frac{1}{2}}$$

$$\ll M^{\kappa+\frac{1}{2}} T^{\frac{13}{21}(1-\kappa)K-\frac{1}{2}+\varepsilon} + M^{\kappa+\frac{1}{2}} \qquad (24)$$

在公式(24)的最后一行, 如果满足 $\frac{13}{21}(1-\kappa)K - \frac{1}{2} + \varepsilon \geqslant 0$ 我们取第一项, 在其他的情形下则取第二项.

结合 (14)(16)(17)(18)(23)(24) 各式我们推导出如下的结果

$$S := S_1 = M^{\frac{3}{2}} Q_k(\log M) + O\left(\frac{M^{\frac{5}{2}}}{T^{\frac{1}{2}}} + T^{\frac{13}{21}K-\frac{3}{2}} M^{\frac{1}{2}} \left(\frac{M}{T^{\frac{13}{21}K}} \right)^2 + \right.$$

$$\left. T^{\frac{13}{21}K-\frac{3}{2}} M^{\frac{1}{2}} \left(\frac{M}{T^{\frac{13}{21}K}} \right)^\kappa + M^{\kappa+\frac{1}{2}} T^{\frac{13}{21}(1-\kappa)K-\frac{1}{2}+\varepsilon} + M^{\kappa+\frac{1}{2}} \right)$$

$$:= M^{\frac{3}{2}} Q_k(\log M) + E_1 \qquad (25)$$

要得到更好的估计需要满足

$$\frac{M^{\frac{5}{2}}}{T^{\frac{1}{2}}} \leqslant M^{\frac{3}{2} - \frac{3}{4K} + \varepsilon}$$

也就是

$$M^{2 + \frac{3}{2K} - \varepsilon} \leqslant T \qquad (26)$$

定义 $\kappa = 1 - \delta$,那么它需要满足 $0 < \delta < \dfrac{1}{2}$,我们的目标是 δ 应该尽可能的大,那么我们能够简化式(25)的余项,得到

$$E_1 \ll \frac{M^{\frac{5}{2}}}{T^{\frac{1}{2}}} + M^{\frac{3}{2} - \delta} + M^{\frac{3}{2} - \delta} T^{\frac{9}{14}K\delta - \frac{1}{2}} + M^{\frac{3}{2} - \delta} T^{\frac{9}{14}K\delta - \frac{3}{2}}$$

$$(27)$$

最主要的想法是 T 满足式(25)应该尽可能的大而且我们需要 $-\dfrac{1}{2} + \dfrac{13}{21}K\delta < 0$,i. e.

$$\delta < \frac{21}{26K} \qquad (28)$$

注意到式(27)中最大的项为第二项,我们就证明了式(12).对于式(13),我们注意到 $3 \nmid n$ 仅仅去掉了生成函数(1)中的因子 $p = 3$.我们可以类似(12)的证明而不会发生实质性的改变.证毕.

引理6　令 $k \geqslant 2$ 和 $K = 2^{k-1}$.若我们定义 χ 模3的狄利克雷特征,并且定义 $r(n) = \sum\limits_{d \mid n} \chi(d)$,当 $k \geqslant 4$,那么存在次数为 $K - 1$ 的多项式 $Q_k, \widetilde{Q}_k$

$$\sum_{m \leqslant M} (M - m)^{\frac{1}{2}} r(m)^k = M^{\frac{3}{2}} Q_k(\log M) + O(M^{\frac{3}{2} - \eta})$$

$$(29)$$

和

$$\sum_{\substack{m \leqslant M \\ 3 \nmid m}} (M-m)^{\frac{1}{2}} r(m)^k = M^{\frac{3}{2}} \widetilde{Q}_k(\log M) + O(M^{\frac{3}{2}-\eta})$$

（30）

满足对于任意实数 $\eta < \dfrac{63}{26K}$.

证明 同引理 3 的证明思路类似,我们只需要估计 J_2 的大小.我们通过运用 $\zeta(\sigma+it)$ 的均值定理来估计 J_2 的大小.根据引理 2,我们推出

$$J_2 \ll \int_{-T}^{T} |\kappa+it|^{-\frac{3}{2}} (\zeta(\kappa+it)L(\kappa+it,\chi))^K M^{\kappa+\frac{1}{2}+it} \mathrm{d}t$$

$$\ll M^{\kappa+\frac{1}{2}} \log T \max_{T_1 \leqslant T} \left\{ \frac{1}{T_1^{\frac{3}{2}}} \int_{\frac{T_1}{2}}^{T_1} (\zeta(\kappa+it)L(\kappa+it,\chi))^K \mathrm{d}t \right\} + M^{\kappa+\frac{1}{2}}$$

$$\ll M^{\kappa+\frac{1}{2}+\epsilon}$$

（31）

结合（14）(16)(17)(18)(23)(31) 各式我们推导出

$$S := S_2 = M^{\frac{3}{2}} Q_k(\log M) + O\left(\frac{M^{\frac{5}{2}}}{T^{\frac{1}{2}}} + T^{\frac{13}{21}K-\frac{3}{2}} M^{\frac{1}{2}} \left(\frac{M}{T^{\frac{13}{21}K}} \right)^2 + \right.$$

$$\left. T^{\frac{13}{21}K-\frac{3}{2}} M^{\frac{1}{2}} \left(\frac{M}{T^{\frac{13}{21}K}} \right)^{\kappa} + M^{\kappa+\frac{1}{2}} \right)$$

$$:= M^{\frac{3}{2}} Q_k(\log M) + E_2$$

（32）

定义 $\kappa = 1-\delta$,那么需要满足 $0 < \delta < \dfrac{1}{2}$,我们的目标是 δ 应该尽可能的大,那么我们可以简化式(32)中的余项,同引理 3 类似,我们有

$$E_2 \ll \frac{M^{\frac{5}{2}}}{T^{\frac{1}{2}}} + M^{\frac{3}{2}-\delta} + M^{\frac{3}{2}-\delta} T^{\frac{9}{14}K\delta-\frac{3}{2}}$$

（33）

主要想法是 T 满足式（26）应该尽可能大而且 $-\dfrac{3}{2}+\dfrac{13}{21}K\delta<0$ 以及 $\dfrac{k+1}{2k}\leqslant 1-\delta$，那么我们能推导出

$$\delta<\frac{63}{26K} \tag{34}$$

观察到式（33）中的最大项为第二项，我们就证明了式（29）. 对于式（30），我们注意到 $3\nmid n$ 仅仅去掉了生成的函数（1）中的因子 $p=3$. 我们可以类似式（29）的证明而不会发生实质性的改变. 证毕.

引理 7　令 $k\geqslant 2$ 和 $K=2^{k-1}$. 若我们定义 χ 模 3 的狄利克雷特征，并且定义 $r(n)=\sum\limits_{d\mid n}\chi(d)$，当 $k=2$，那么（12）和（13）两式满足 $\eta=\dfrac{1}{2}$，并且

$$Q_2(x)=\frac{1}{9}\Big(x+\gamma+\frac{1}{4}\log 3-\psi\Big(\frac{5}{2}\Big)+$$
$$2\,\frac{L(s,\chi)}{L'(s,\chi)}-2\,\frac{\zeta'(2)}{\zeta(2)}\Big) \tag{35}$$

以及

$$\widetilde{Q}_2(x)=\frac{2}{27}\Big(x+\gamma+\frac{3}{4}\log 3-\psi\Big(\frac{5}{2}\Big)+$$
$$2\,\frac{L(s,\chi)}{L'(s,\chi)}-2\,\frac{\zeta'(2)}{\zeta(2)}\Big) \tag{36}$$

证明　在这种情形下，函数 $G_2(s)$ 和它与之相关的函数可以显性地表达出来. 实际上，我们有

$$\sum_{n=1}^{\infty}\frac{r(n)^k}{n^s}=\frac{(\zeta(s)L(s,\chi))^2}{(1+3^{-s})\zeta(2s)} \tag{37}$$

$$\sum_{n=1}^{\infty}\frac{r(n)^k}{n^s}=\frac{(\zeta(s)L(s,\chi))^2(1-3^{-s})}{(1+3^{-s})\zeta(2s)} \tag{38}$$

我们可以类似于引理 4 的证明，将积分围道移至 $\Re s=\dfrac{1}{2}$，我们还需要经典的估计

$$\int_1^T \left| \zeta\left(\frac{1}{2}+\mathrm{i}t\right) \right|^2 \left| L\left(\frac{1}{2}+\mathrm{i}t\right) \right|^2 \mathrm{d}t \ll T\log T$$

根据类数公式我们有 $L(1,\chi)=\dfrac{\pi}{3\sqrt{3}}$，那么留数在 $s=1$ 处可以被显性的表示出来. 证毕.

主要的研究方法

第十一章

1. 二元二次型

本节中,我们将介绍与研究问题相关的二元二次型. 记代数数域 $\mathbf{Q}(\omega)$ 中的整数为 $\mathbf{Z}(\omega)$, 从文 [9] 中我们知道 $\mathbf{Z}(\omega)$ 有唯一的因子分解及有六个单位元 ± 1, $\pm \omega$, $\pm \omega^2$. 如果 $\alpha = a + b\omega \in \mathbf{Z}[\omega]$, 定义其共轭为 $\overline{\alpha} = (a+b) - b\omega = a + b\overline{\omega}$ 以及范数为 $\mathcal{N}\alpha := \alpha\overline{\alpha} = q(a, b)$, 其中 $q(x, y) = x^2 + xy + y^2$.

如果我们用 χ 来表示模 3 的非显然的狄利克雷特征, 并且定义 $r(n) = \sum_{d \mid n} \chi(d)$. 那么 $6r(n)$ 等于方程 $q(x, y) = n$ 的整数解 x, y 的个数.

对于固定的整数 a, b, c, 齐次的二元多项式

$$G(x, y) = ax^2 + bxy + cy^2$$

153

称为二元二次型,或者简称为二次型.整数 $d=b^2-4ac$ 称为二元二次型的判别式.易知 $d\equiv 0$ 或者 $1(\bmod 4)$.

我们假设 d 不是一平方数,若 $G(x,y)\geqslant 0$ 对于整数 x,y,并且 $G(x,y)=0$ 当且仅当 $x=y=0$.我们称这样的二次型为正定二次型.若 $G(x,y)\leqslant 0$ 对于所有整数 x,y 成立,并且 $G(x,y)=0$ 当且仅当 $x=y=0$.我们称之为负定二次型.这两种情形都称之为有定二次型.有定二次型的判别式需满足 $d<0$.如果 $d>0$ 那么 $G(x,y)$ 可以取不同符号的值.我们将这种二次型称之为不定二次型.

一个正定的二元二次型需要满足 $d<0,a>0$,如果 $d>0$ 那么二元二次型就是负定的二次型.

2. 定理的约化

在本节中,我们将给出定理的大致证明过程.我们将 $V_k(N)$ 与判别式为 -3 的二元二次型 $q(x,y)=x^2+xy+y^2$ 联系起来.二元二次型在很多类数问题的应用中都发挥了极好的作用,例如文章[11].

对于固定的 $a\in \mathbf{Z}$ 和 $b\in \mathbf{N}^+$,现在我们考虑如下的方程组

$$x_1+x_2+x_3=a, x_1^2+x_2^2+x_3^2=b \qquad (1)$$

令 $R(a,b)$ 表示满足 $x_1,x_2,x_3\in \mathbf{Z}$ 方程组的解的个数,那么我们有

$$V_k(N)=\sum_{a\in \mathbf{Z}}\sum_{0\leqslant b\leqslant 3N^2}R(a,b)^k \qquad (2)$$

注意到式(1)蕴含 $a\equiv b\bmod 2$,因此我们只须对式(2)中的数对进行相加.若我们将式(1)中的线性方

程组代入二元多项式,则发现式(1)等价于

$$\begin{cases} q(3x_1 - a, 3x_2 - a) = \dfrac{1}{2}(9b - 3a^2) \\ x_1 + x_2 + x_3 = a \end{cases} \qquad (3)$$

特别的,根据整数的对称性,我们有

$$R(a,b) = \mathrm{card}\{(y_1, y_2) \in \mathbf{Z}^2 : q(y_1, y_2)$$

$$= \frac{1}{2}(9b - 3a^2), y_1 \equiv y_2 \equiv a \bmod 3\}$$

$$(4)$$

我们现在可以重写 $V_k(N)$ 有关于表达式 $r(n)$.观察到 y_1, y_2 满足 $y_1 \equiv y_2 \equiv a \bmod 3$ 当且仅当在 $\mathbf{Z}[\omega]$ 中有 $y_1 + y_2\omega \equiv a(1 + \omega) \bmod 3$.根据式(4),我们有

$$R(a,b) = \mathrm{card}\{\delta \in \mathbf{Z}[\omega] : \mathcal{N}\delta = \frac{1}{2}(9b - 3a^2),$$

$$\delta \equiv a + a\omega \bmod 3\} \qquad (5)$$

以上可知,不难看出当 $\delta = r + s\omega$,那么 $3 \mid \mathcal{N}\delta$ 等价于 $3 \mid q(r,s)$,式子成立当且仅当 $r \equiv s \bmod 3$.现在我们将其分为三种情况讨论.

情形1　当 $3 \nmid a$ 时,那么 $\mathcal{N}\delta = \dfrac{1}{2}(9b - 3b^2)$ 蕴含着 δ 要么属于 $1 + \omega \bmod 3$ 或者属于 $2(1 + \omega) \bmod 3$.根据事实,单位元 $\eta \in \mathbf{Z}[\omega]$ 有三个满足 $\eta(1 + \omega) \equiv 1 + \omega$,另外三个满足 $\eta(1 + \omega) \equiv 2(1 + \omega)$,我们可以推导出当 $3 \nmid a$ 时,有

$$R(a,b) = \mathrm{card}\{\mathfrak{a} \subset \mathbf{Z}[\omega] : \mathcal{N}\mathfrak{a} = \frac{1}{2}(9b - 3a^2)\}$$

$$= 3r(\frac{1}{2}(9b - 3a^2)) \qquad (6)$$

这里理想 $\mathfrak{a}$ 包含于 $\mathbf{Z}[\omega]$，即 $\mathfrak{a} \subset \mathbf{Z}[\omega]$.

情形 2 当 $3 \mid a$ 和 $a^2 \neq 3b$ 时，根据同以上同样的推论，当 $a = 3\tilde{a}$ 和 $a^2 \neq 3b$ 时，我们有

$$R(a, b) = \mathrm{card}\{\mathfrak{a} \subset \mathbf{Z}[\omega] : \mathcal{N}\mathfrak{a} = \frac{1}{2}(b - 3\tilde{a}^2)\}$$

$$= 6r(\frac{1}{2}(b - 3\tilde{a}^2)) \qquad (7)$$

情形 3 在这种情形下 $a^2 = 3b$. 那么我们有 $R(a, b) = 1$，由于 $q(x, y) = x^2 + xy + y^2$ 为正定二次型，所以 $q(x, y) = 0$ 当且仅当 $x = y = 0$. 由于条件 $0 \leqslant b \leqslant 3N^2$ 在式（2）中，所以这些项至多贡献 $O(N)$ 对于式（2）. 我们用当 $n \leqslant 0$ 时记为 $r(n) = 0$.

结合（6）和（7）两式以及情形 3，将这些项带入式（2），我们推导出

$$V_k(N) = 6^k V'_k(N) + 3^k V''_k(N) + O(N) \qquad (8)$$

其中

$$V'_k(N) = \sum_{a \in \mathbf{Z}} \sum_{\substack{0 \leqslant b \leqslant 3N^2 \\ b \equiv a \bmod 2}} r(\frac{1}{2}(b - 3a^2))^k$$

和

$$V''_k(N) = \sum_{\substack{a \in \mathbf{Z} \\ 3 \nmid a}} \sum_{\substack{0 \leqslant b \leqslant 3N^2 \\ b \equiv a \bmod 2}} r(\frac{1}{2}(9b - 3a^2))^k$$

在求和 $V'_k(N)$ 中，如果我们固定 a 并且用 $n = \frac{1}{2}(b - 3a^2)$ 替代，我们有

$$V'_k(N) = \sum_{a \in \mathbf{Z}} \sum_{n \leqslant \frac{3}{2}(N^2 - a^2)} r(n)^k$$

$$= \sum_{n \leqslant \frac{3}{2} N^2} r(n)^k (2(N^2 - \frac{2}{3}n)^{\frac{1}{2}} + O(1))$$

（9）

同样的，当 $3 \nmid a$ 和 $a \equiv b \bmod 2$ 时，我们有 $\frac{1}{2}(9b - 3a^2) = 3n$ 满足 $3 \nmid n$. 由于我们有 $r(3) = 1$，那么

$$V''_k(N) = \sum_{\substack{a \in \mathbf{Z} \\ 3 \nmid a}} \sum_{\substack{n \leqslant \frac{1}{2}(9N^2 - a^2) \\ 3 \nmid n}} r(n)^k$$

$$= \sum_{\substack{n \leqslant \frac{9}{2} N^2 \\ 3 \nmid n}} r(n)^k (2(N^2 - \frac{2}{3}n)^{\frac{1}{2}} + O(1))$$

（10）

其中式（10）成立源于事实 $n \leqslant \frac{1}{2}(9N^2 - a^2)$，我们有 $|a| \leqslant (9N^2 - 2n)^{\frac{1}{2}}$，但是由另外的条件 $3 \nmid a$，我们有 $a \leqslant \frac{4}{3}(9N^2 - 2n)^{\frac{1}{2}}$. 同样式（9）遵循同样的推论但是有附加条件 $3 \nmid a$.

主要定理的证明

第十二章

1. 第九章定理 1 和定理 2 的证明

（1）定理 1 的证明.

有下列的关系式

$$V_k(N) = 6^k V'_k(N) + 3^k V''_k(N) + O(N) \tag{1}$$

其中

$$V'_k(N) = \sum_{a \in \mathbf{Z}} \sum_{n \leqslant \frac{3}{2}(N^2 - a^2)} r(n)^k$$

$$= \sum_{n \leqslant \frac{3}{2} N^2} r(n)^k \left(2 \left(N^2 - \frac{2}{3} n \right)^{\frac{1}{2}} + O(1) \right)$$

$$= \sum_{n \leqslant \frac{3}{2} N^2} r(n)^k \left(\frac{2\sqrt{6}}{3} \left(\frac{3}{2} N^2 - n \right)^{\frac{1}{2}} + O(1) \right) \tag{2}$$

和

$$V''_k(N) = \sum_{\substack{a \in \mathbf{Z} \\ 3 \nmid a}} \sum_{\substack{n \leqslant \frac{1}{2}(9N^2 - a^2) \\ 3 \nmid n}} r(n)^k$$

$$= \sum_{\substack{n \leqslant \frac{9}{2}N^2 \\ 3 \nmid n}} r(n)^k (2(N^2 - \frac{2}{3}n)^{\frac{1}{2}} + O(1))$$

$$= \sum_{\substack{n \leqslant \frac{9}{2}N^2 \\ 3 \nmid n}} r(n)^k (\frac{4\sqrt{2}}{3}(\frac{9}{2}N^2 - n)^{\frac{1}{2}} + O(1))$$

$$(3)$$

当 $k = 2, 3$ 时，我们在第十章式(12)中取 $M = \frac{3}{2}N^2$ 和

在第十章式(13)中取 $M = \frac{9}{2}N^2$，那么

$$V_k(N) = N^3 Q_k(\log N) + N^3 \widetilde{Q}_k(\log N) +$$

$$O(N^{3-2\eta}) + O(N) \qquad (4)$$

其中 $\eta < \dfrac{21}{26K}$ 与 $Q_k, \widetilde{Q}_k$ 为次数 $K - 1$ 的多项式，可得

$$V_k(N) = N^3 P_k(\log N) + O(N^{3-\delta}) \qquad (5)$$

其中 δ 满足 $0 < \delta < \dfrac{21}{13 \cdot 2^{k-1}}$，$P_k$ 为次数 $K - 1$ 的多项

式. 我们证明了这个定理.

(2)定理 2 的证明.

同定理 1 的证明过程类似，当 $k \geqslant 4$ 时，我们在第

十章式(29)中取 $M = \frac{3}{2}N^2$，在第十章式(30)中取 $M =$

159

$\frac{9}{2}N^2$,那么有

$$V_k(N) = N^3 Q_k(\log N) + N^3 \widetilde{Q}_k(\log N) +$$
$$O(N^{3-2\eta}) + O(N) \qquad (6)$$

其中 $\eta < \dfrac{63}{26K}$ 与 $Q_k, \widetilde{Q}_k$ 为次数 $K-1$ 的多项式,可得

$$V_k(N) = N^3 P_k(\log N) + O(N^{3-\delta}) \qquad (7)$$

其中 δ 满足 $0 < \delta < \dfrac{63}{13 \cdot 2^{k-1}}$,P_k 为次数 $K-1$ 的多项式. 我们证明了这个定理.

2. 第九章定理 3 的证明

若 Lindelöf 猜想对于 $\zeta(s)$ 和 $L(s,\chi)$ 是正确的,也就是

$$\zeta(\sigma + it) \ll t^\varepsilon, L(\sigma + it) \ll t^\varepsilon, \sigma \geqslant \frac{1}{2} \qquad (8)$$

那么当 $k \geqslant 3$ 时,我们有

$$J_1 + J_2 \ll \int_\kappa^2 T^\varepsilon M^{\sigma + \frac{1}{2}} T^{-\frac{3}{2}} \mathrm{d}\sigma$$
$$\ll \max_{\kappa \leqslant \sigma \leqslant 2} T^{\varepsilon - \frac{3}{2}} M^{\sigma + \frac{1}{2}}$$
$$\ll M^{\frac{5}{2}} T^{\varepsilon - \frac{3}{2}} \qquad (9)$$

和

$$J_2 \ll \int_1^T t^{-\frac{3}{2}} t^\varepsilon M^{\kappa + \frac{1}{2}} \mathrm{d}t + M^{\kappa + \frac{1}{2}}$$
$$\ll M^{\kappa + \frac{1}{2}} \qquad (10)$$

那么余项在第十章式(25)中有

$$E \ll M^{\frac{5}{2}} T^{\epsilon - \frac{3}{2}} + M^{\kappa + \frac{1}{2}} + \frac{M^{\frac{5}{2}}}{T^{\frac{1}{2}}} \qquad (11)$$

其中 $\kappa \geqslant \frac{1}{2} + \sigma$, 满足对于任意 $\sigma > 0$, 而且 T 相对于 M
足够大, 我们得到

$$E \ll M^{1-\sigma}$$

同以上的定理的证明过程类似, 我们分别取 $M = \frac{3}{2} N^2$

和 $\frac{9}{2} N^2$, 我们有

$$V_k(N) = N^3 P_k(\log N) + O(N^{3-\delta}) \qquad (12)$$

其中满足 $0 < \delta < 1$. 我们就证明了这个定理.

参考文献

[1] BLOMER V，BRUDERN J. Prime paucity for sums of two squares[J]. Bull. London Math. Soc. ，2008 (40)：457-462.

[2] BLOMER V ，BRUDERN J. A quadric with arithmetic paucity[J]. Quart. J. Math. ，2009 (60)：283-290.

[3] BLOMER V，BRUDERN J. The number of integer points on Vinogradou's quadric [J]. Monatsh Math. ，2010 (160)：243-256.

[4] HOOLEY C. On the representations of a number as the sum of two cubes[J]. Math. Z. ，1963 (82)：259-266.

[5] HOOLEY C. On another sieve method and the numbers that are a sum of two hth powers[J]. Proc. London Math. Soc. ，1981,43(3)：73-109.

[6] HOOLEY C. On another sieve method and the numbers that are a sum of two hth powers[J]. II，J. Reine Angew. Math. ，1996 (475)：55-75.

[7] BLOMER V，BRUDERN J. Iterates of Vinogradou's Quadric and Prime Paucity[J]. Michigan Math.

J. , 2010 (59):231-240.

[8] ROGOVSKAYA N N. An asymptotic formula the number of solutions of a system of equations, (Russian) Diophantine Approximations, Part II (Russian)[M]. Moscow: Moskov. Gos. Univ. , 1986:78- 84.

[9] HUA L K. Introduction to number theory[M]. Berlin: Spinger-Verlag, 1957.

[10] TENENBAUM G. Introduction to Analytic and Probabilistic Number Theorey[M]. Translated from the second French Edition by C. B. Thomas[M]. Cambridge Stud. Adv. Math, Adv. Math, vol. 46. Cambridge: Cambridge University Press, 1995:448 .

[11] ERDOS P. On additive properties of squares of primes, I[J]. Proc. Acad. Wet. Amsterdam, 1938 (41):37-41.

[12] DAVENPORT H. Multiplicative Number Theory[M]. 2nd Edition. Berlin:Springer,1980.

[13] BLOMER V, Granville A. Estimates for repre- sentation numbers of quadratic forms[J]. Duke Math. J. ,2006 (135):261- 302.

[14] TITCHMARSH E C. The Theory of the Riemann Zeta-function [M]. 2nd Edition. Oxford: Oxford University Press, 1986.

[15] GRADSHTEYN I S , RYZHIK I M. Tables of

integrals, series, and products [M]. 5th ed. Boston :Academy Press, 1994.

[16] RIEGER G J. Uber die Summe aus einem Quadrat und einem Primzahlquadrat [J]. J. Reine Angew. Math. ,1968 (231):89-100.

[17] BRUDERN J. Einfuhrung in die Analytische Zahlentheorie[M]. Berlin: Springer, 1995.

[18] IVIC A. The Riemann Zeta- Function Theory and Applications [M]. New York: Dover Publications Inc. , Mineola, 2003.

[19] PRACHAR K. Primzahlverteilung[M]. Berlin: Springer, 1957.

[20] IWANIEC H, KOWALSKI E. Analytic Number Theory[M]. Providence: American Mathematical Society Colloquium Publications, 2004.

[21] LV G S. The sixth and eighth moments of Fourier coefficients of cuspforms [J]. Journal of Number Theory, 2009 (129):2790-2800.

[22] LIU J Y, YE Y B. Perron's Formula and the Prime Number Theorem for Automorphic L Functions[J]. Pure and Applied Mathematics Quarterly (Special Issue: In honor of Leon Simon, Part 1 of 2) ,2007,3(2):481-497.

[23] RANKIN R A. Sums of powers of cusp form coefficients[J]. Math. Ann. , 1983 (263): 227-236.

[24] BLOMER V. Binary quadratic forms with large discriminants and sums of two squareful numbers[J]. J. Reine Angew. Math. ,2004 (569): 213 – 234. II,J. London Math. Soc. , 2005 ,71 (2): 69-84.

[25] PALL G. The structure of the number of representations function in a positive binary quadratic form[J]. Math. Z. ,1933 (36): 321-343.

[26] MURTY R, OSBURN R. Representations of integers by certain positive definite binary quadratic forms, preprint, arXiv: math. NT/0412237.

[27] KOLESNIK G. On the method of exponent pairs[J]. Acta Arith. ,1985 (45):115-143.

[28] KOLESNIK G. On the order of $\zeta(1/2+it)$ and $\Delta(R)$ [J]. Pacific J. Math. , 1982 (82): 107-122.

[29] KOLESNIK G. On the estimation of certain trigonometric sums [J]. Acta Arith. , 1973 (25):7-30.

[30] WALFISZ A. Zur Abschatzung von $\zeta(1/2+it)$ [J]. Gttinger Nachrichten,1924:155-158.

[31] TITCHMARSH E C. On van der Corput's method and the zeta-function of Riemann[J]. O. J. O. ,1931(2):313-20.

[32] RANKIN R A. Van der Corput's method and

the theory of exponent pairs [J]. Quart. J. Math. Oxford, 1955,6(2):147- 153.

[33] HANEKE W. Verscharfung der Abschatzung von $\zeta(1/2+it)$[J]. Acta Arith. ,1962,8 (63): 357-430.

[34] HUXLEY M N. Exponential sums and the Riemann zeta function (IV) [J]. Proc. London Math. Soc. ,1993 ,66(3):1-40.

[35] HUXLEY M N. Exponential sums and the Riemann zeta function (V) [J]. Proc. London Math. Soc. , 2005, 3 (90):1-41.

[36] BOURGAIN J. Decoupling, exponential sums and the Riemann zeta function, arXiv preprint arXiv:1408. 5794v2 (2016).

[37] MIN S H. On the order of $\zeta(1/2+it)$ [J]. Trans. Amer. Math. Soc. ,1949 (65):448-72.

[38] CHEN J R. On the order of $\zeta(1/2+it)$ [J]. Chinese Math. Acta, 1965 (6):463-478.

[39] BOMBIERI E, IWANIEC H. On the order of $\zeta(1/2+it)$[J]. Annali della Scuola Normale Superiore di Pisa, Classe di Scienze 4 eserie, 1986,13(3):449-472.

[40] TITCHMARSH E C. On the order of $\zeta(1/2+it)$[J]. O. J. O. , 1942 (13):11-17.